UNIVERSALE PAPERBACKS IL MULINO

652.

CARLO FERRARI GIOVANNA PEZZI

L'ECOLOGIA DEL PAESAGGIO

IL MULINO

ISBN 978-88-15-24724-7

Finito di stampare nel mese di aprile 2023 presso LegoDigit s.r.l - Lavis (TN)

INDICE

INTRODUZIONE

La parola «paesaggio» ha una lunga storia, con valenze e suggestioni diverse. Nelle lingue neolatine la parola ha una chiara derivazione da *pagense*, aggettivo che indica l'appartenenza a un paese, a un luogo di vita degli uomini. Da questo sono derivati il francese *paysage*, usato per la prima volta nel 1493 dal poeta francese Jean Molinet (1435-1507), e l'italiano *paesaggio*, utilizzato per primo dal Vasari (1511-1574) nella sua celebre opera *Vite de' più eccellenti pittori, scultori e architettori italiani, da Cimabue insino a' tempi nostri*, edita una prima volta nel 1550.

La parola francese (e quella italiana che ne è derivata) è un neologismo, composto dal sostantivo *pays* e dal suffisso *-age*: quest'ultimo significa *vista d'insieme*. Il *paesaggio* contiene il *paese* ma il suffisso indica un insieme di cui il paese fa parte. La parola acquistò subito il significato, legato alla pittura, di visione di una scena ambientale, di una rappresentazione di un insieme dove lo spazio occupato dalla natura è molto importante.

L'inglese *landscape*, che oggi usiamo come parola equivalente a *paesaggio*, è di più antica origine e indicava originariamente il territorio di una popolazione. Deriva dall'olandese *landschap*, formata da *land* (terreno) e dal suffisso *-schap*, corrispondente al tedesco *schaft*, di origine altomedievale. Questo suffisso indica un insieme di più parti che coesistono, in questo caso, sul terreno. Anche *landschap* (usata la prima volta nel 1568) acquistò subito il significato, legato alla pittura, di visione di una scena ambientale.

La prima opera pittorica a essere identificata come *paese*, nel senso di paesaggio, fu la famosa *Tempesta* del Giorgione, *El paesetto in tela cun la tempesta*, dipinta intorno al 1508 e così descritta da Marcantonio Michiel (1484-1552) nel suo manoscritto *Notizie d'opere di disegno*. Proprio nel XVI secolo s'iniziò a definire *paesaggistico* un particolare stile pittorico, che mette al suo centro la rappresentazione delle parti di natura che occupano lo spazio visibile.

Si può osservare che *paysage*, *paesaggio*, *landschap*, *landscape* entrano nella cultura europea con il definitivo affermarsi delle realtà urbane come protagoniste e costruttrici di spazi territoriali dove le opere umane e i caratteri della natura interagiscono. Vi è nell'attenzione al paesaggio il desiderio di valutare la natura nei suoi rapporti, non solo utilitaristici, con le attività dell'uomo, includendovi gli importanti aspetti estetici e ricreativi, come ben scrisse Leonardo da Vinci, nel capitolo XX del suo *Trattato della Pittura*:

> che ti move, o homo, ad abbandonare le proprie tue abitazioni della città e lasciare li parenti et amici, et andare in lochi campestri per monti et valli, se non la naturale bellezza del mondo, la quale, se ben consideri, sol col senso del veder fruisci.

L'attenzione alla «naturale bellezza del mondo» si può simbolicamente far risalire al 1336: in quell'anno Francesco Petrarca salì sul Mont Ventoux, per diletto estetico e non per raccogliere frutti, legna o cacciare selvaggina.

Questo approccio estetico è strettamente legato all'idea del paesaggio, fruito *col senso del veder*: il paesaggio come veduta. Con aderenza al significato della parola, la *veduta* dovrebbe indicare quella parte di paesaggio che una persona può cogliere con una singola osservazione. Una veduta è un *campione* del paesaggio e può fornire informazioni all'osservatore – a scala più vasta – se questi possiede adeguate conoscenze per descrivere e interpretare ciò che vede.

Goethe durante il suo primo *Italienische Reise* (Viaggio in Italia), per comprendere subito i caratteri generali del luogo dove si trovava saliva su campanili o torri, per avere dalle loro sommità una veduta la più ampia possibile. Così fece anche il 17 ottobre 1786, a Cento, nella pianura tra Bologna e Ferrara, salendo sul campanile della basilica di San Biagio, e annotando poi nel suo diario parole che i centesi hanno scolpito nel marmo, alla base dello stesso campanile: «Secondo la mia abitudine, salii prima di tutto sul campanile. Un mare di cime di pioppi; in mezzo a essi, e a breve distanza, tante piccole fattorie, ognuna circondata dal suo podere. Terra eccellente e clima mite». La veduta gli aveva fornito un'immagine significativa del *mosaico agrario* del paesaggio e delle qualità naturali che lo caratterizzavano.

I pittori hanno spesso superato la semplice immagine vedutistica, creando paesaggi dove assemblavano elementi visuali individuati singolarmente come unità costitutive di campioni di paesaggio: gruppi di alberi, campi coltivati, rocce, castelli. L'individuazione dei rapporti spaziali tra gli elementi visuali che caratterizzano diversi paesaggi porterà molti artisti europei del XV e XVI secolo alla creazione di paesaggi ideali, che sono diventati *idee di paesaggio*.

Lo studio moderno del paesaggio deve molto a questi antichi studiosi della percezione e della sua elaborazione nella pittura. Il loro livello di analisi era quello della scala umana. Nella moderna scienza del paesaggio questa scala è ovviamente quella predominante. Ma la teoria scientifica ha aperto una prospettiva più ampia e ha fornito possibilità di analisi dei sistemi ambientali secondo diverse scale di spazio e di tempo, al servizio di una visione integrata e gerarchica dell'ambiente e dei suoi processi. È questa l'avventura intellettuale che sta alla base dell'ecologia del paesaggio.

Per Alexander von Humboldt (1769-1859), uno dei fondatori della biogeografia, il paesaggio è *der Totalcharakter einer Erdgegend*, la totalità dei caratteri del territorio. Alla fine del XVIII e fino alla prima metà del XX secolo, l'approccio geografico a questa realtà rimane nel solco dell'idea di Humboldt. Il paesaggio è soprattutto un deposito delle memorie naturali e umane di un territorio, una combinazione di natura e cultura. Senza pretesa di completezza, e limitandosi ad alcune opere recenti, si possono ricordare i contributi significativi di Gambi [1972], Turri [1983; 2001], Antrop [2000a], Farinelli [2003] e Tosco [2007]. Il paesaggio non ha un autore solo, ma molti autori che sono riconducibili a processi naturali e alle azioni dell'uomo che ne hanno determinato il volto nel corso di secoli o di millenni.

«Leggere un paesaggio è come leggere un libro, o meglio, un palinsesto stratificato» [Raimondi 2009], dove le forme rimandano all'avvicendarsi di uomini e di eventi naturali. In ogni paesaggio vi è un rapporto determinante tra il visibile e il non visibile. Da parte nostra – come ha scritto ancora Raimondi – ci vuole «un guardare profondo, un saper vedere che è a un tempo un interpretare».

Lo spirito del luogo, che il poeta inglese Alexander Pope (1688-1744) consigliava di prendere in considerazione a quanti volevano vivere e costruire in un determinato luogo, nasce dall'interazione delle caratteristiche intrinseche dei luoghi – la loro natura – e delle forze esterne, di origine umana, che possiamo complessivamente identificare con la parola *cultura*, e i cui effetti costituiscono il contenuto non naturale, artificiale, di un paesaggio. Per il botanico olandese Victor Westhoff (1916-2001)

> Natura è la realtà cosmica che può essere osservata e sperimentata dall'uomo e che si è formata senza il concorso dell'uomo. Il contenuto di natura di un sistema ambientale è la sua naturalità, e artificialità è il contenuto di prodotti umani o di effetti ambientali riconducibili all'opera umana in un sistema ambientale [Westhoff 1983].

L'antinomia natura-cultura è tra le idee centrali della moderna ecologia, e come tale è al centro delle valutazioni di qualità ambientale proprie dell'ecologia del paesaggio. Al geografo tedesco Otto Schluter (1872-1959) si attribuisce il primo uso del concetto di *paesaggio culturale*. Nel 1908 Schluter sostenne la definizione della geografia come *Landschaftskunde* (scienza del paesaggio) e, come tale, una materia di studio condivisa con nessun'altra disciplina. In questo ambito egli definì *Urlandschaft* (paesaggio originario) il paesaggio che esisteva prima dei cambiamenti rilevanti indotti dall'uomo, e il *Kulturlandschaft* (paesaggio culturale) un paesaggio creato dalle modificazioni umane. Questa idea fu diffusa prevalentemente dal geografo statunitense Carl Ortwin Sauer (1889-1975). Sauer, nel suo saggio *The Morphology of Landscape* [1925], considera l'azione della cultura come una forza capace di modellare i tratti visibili della superficie terrestre in aree limitate. Nell'ambito di questa idea, l'ambiente fisico mantiene un significato centrale, come il mezzo con il quale e attraverso il quale le culture umane agiscono. Secondo la sua definizione, «Il paesaggio culturale è foggiato da un paesaggio naturale a opera di un gruppo culturale. La cultura è l'agente, gli elementi naturali sono il mezzo, il paesaggio culturale è il risultato».

A partire dal primo uso formale dell'espressione «paesaggio culturale» da parte di Schluter e dall'effettiva promozione dell'idea da parte di Sauer, il concetto di paesaggio culturale è stato in vario modo utilizzato, applicato, dibattuto, sviluppato e raffinato fino a quando, nel 1992, il Comitato per il Patrimonio dell'Umanità dell'UNESCO deliberò di inserire nella lista dei Patrimoni i *paesaggi misti*, che non avessero una forma né puramente naturale né puramente culturale. L'adozione e l'uso del concetto di paesaggio culturale da parte del Comitato ONU per il Patrimonio dell'Umanità hanno visto un notevole sviluppo delle indagini e delle segnalazioni volte a rendere effettivamente conosciuti i paesaggi culturali e a includerli nella lista dei Patrimoni dell'Umanità. Nel 2006, una revisione dello stesso concetto di paesaggio culturale da parte del Comitato ha portato alla conclusione che

> anche se il concetto di paesaggio è stato per qualche tempo sganciato dai suoi originali riferimenti artistici, [...] c'è ancora una visione dominante dei paesaggi come una superficie incisa, affine a una mappa o a un testo, dalla quale possono essere letti in modo semplice il significato culturale e le forme sociali [Pannell 2006].

In generale, qualsiasi sistema d'interazione tra l'attività umana e l'ambiente naturale è considerato oggi come un paesaggio culturale, includendo in questo modo quasi l'intera superficie antropizzata del mondo [Fowler 2003].

Il paesaggio come manifestazione visibile degli effetti di processi naturali e di apporti culturali richiede un'analisi necessariamente interdisciplinare. L'analisi ambientale ha trovato nel concetto di paesaggio il livello più alto di descrizione, dove s'integrano le opportunità ambientali, i caratteri delle popolazioni biologiche e degli ecosistemi e le modificazioni operate dall'uomo.

È nata così una vera «rivoluzione culturale» nelle scienze ambientali, che ha posto al centro dell'attenzione l'eterogeneità dei sistemi e le loro interazioni piuttosto che l'omogeneità e l'isolamento. Questa rivoluzione è stata attuata attraverso il superamento del riduzionismo proprio del metodo cartesiano, come è espresso nel terzo assioma del *Discours de la méthode*. Nell'ambiente esiste una molteplicità di variabili che interagiscono e che singolarmente (come fattori) non possono essere analizzate in modo esauriente, proprio perché interagiscono. È necessario un approccio olistico, quell'attenzione al tutto, che è propria dell'ecologia del paesaggio. È rimasta però inalterata l'esigenza cartesiana di misurare e correlare, propria di tutte le scienze naturali. I risultati che si ottengono sono oggi fondamentali per capire i processi ambientali e per attuarne una gestione finalizzata alla conservazione della qualità ambientale in differenti contesti territoriali.

In questo libro sono presentati, in successione, gli uomini e le idee che hanno proposto il paesaggio come ultimo livello d'analisi dei sistemi ambientali, firmando l'atto di nascita dell'ecologia del paesaggio (cap. 1), le relazioni cruciali, in ogni tipo di paesaggio, tra la diversità di risorse ambientali e la biodiversità che può contenere (cap. 2) e il ruolo centrale degli aggregati spaziali delle piante, delle vegetazioni, nel creare lo scenario naturale di ogni paesaggio (cap. 3).

Dopo queste premesse, che riguardano l'ecologia del paesaggio come scienza e i presupposti naturali di ogni paesaggio, l'uomo è presentato come protagonista dei paesaggi che l'agricoltura e l'industrializzazione hanno creato e continuamente modificano, con effetti ormai paragonabili a un evento di proporzioni climatiche e geologiche (cap. 4). La realtà ambientale che ci circonda, per azione dei limiti naturali e dell'opera modificatrice dell'uomo, ci si presenta come un mosaico di forme (cap. 5) che possiamo rappresentare e studiare con metodi quantitativi, grazie soprattutto allo sviluppo del telerilevamento e di gestione informatica delle immagini (cap. 6). Ne derivano conoscenze utili alla gestione ambientale, dalla conservazione al restauro (cap. 7), nella consapevolezza che la realtà di ogni paesaggio deriva dall'integrazione di molti fenomeni interagenti, a differenti livelli di scala.

Gli autori ringraziano tutti coloro che hanno consultato e in particolare il dott. Giorgio Maresi (IASMA, Trento) e la dott. Anna Montuschi, per la rilettura critica di alcune parti del testo.

CAPITOLO PRIMO

IL PAESAGGIO NELLE SCIENZE ECOLOGICHE

1. *Il paesaggio come sistema di ecosistemi*

L'espressione *ecologia del paesaggio* (*Landschaftsökologie*) si deve al biogeografo tedesco Carl Troll (1899-1975) che rimase affascinato dall'idea di ecosistema, elaborata nel 1935 dal botanico ed ecologo inglese Arthur George Tansley (1871-1955). Secondo Tansley un *ecosistema* è «*The whole system [...] including not only the organism-complex, but also the whole complex of physical factors forming what we call the environment* (l'intero sistema comprendente non solo l'insieme dei viventi, ma anche l'insieme dei fattori fisici che formano il cosiddetto ambiente)». Ogni ecosistema è formato da una *comunità* di organismi animali e vegetali che interagiscono tra loro e con elementi non viventi. Tansley denominò poi *ecotopo* l'ambito spaziale di un ecosistema.

Dalle osservazioni di fotografie aeree delle savane africane con uno stereoscopio Troll si rese conto della possibilità di descrivere e confrontare tipi di paesaggio, sulla base della loro composizione in ecosistemi, con una visione totale e integrata. Si deve quindi a Troll, sul finire degli anni '30 del XX secolo, l'idea di paesaggio come sistema ambientale eterogeneo formato dall'aggregazione spaziale di ecosistemi che interagiscono. Dovevano tuttavia passare alcuni decenni prima che i sogni di Troll potessero realizzarsi. Era infatti necessario che si affinassero le scienze descrittive delle unità ambientali e delle loro componenti per rendere operativo l'uso di concetti come ecosistema e paesaggio. Il concetto di ecosistema di Tansley è stato ripreso dall'americano Eugene Pleasants Odum (1913-2002) e posto alla base della sua indagine ecologica, culminata nei *Fundamentals of Ecology*. Nell'opera, pubblicata nel

1953, egli elaborò un innovativo approccio termodinamico nella definizione e nello studio dei sistemi ambientali. Il libro ha avuto una vasta diffusione e più edizioni successive [Odum e Barrett 2004].

Ogni ecosistema (figg. 1 e 2) è un *sistema aperto* con strutture e funzioni determinate da un flusso di energia e da una circolazione di materia tra la componente vivente e la componente fisico-chimica. Questi fenomeni tendono a mantenere il sistema in uno stato stazionario, cioè in una stabilità strutturale e funzionale, assicurata proprio dal flusso energetico e dalla circolazione della materia. Tutto ha la sua origine nei produttori primari (le piante verdi) capaci di trasformare, con la fotosintesi, l'energia luminosa del sole in energia chimica biologicamente utilizzabile dai consumatori (piante e animali) attraverso catene alimentari che si concludono nella restituzione al sistema di composti chimici a basso contenuto energetico, a opera dei decompositori.

Come è regola generale per ogni livello di organizzazione, le caratteristiche del livello paesaggio sono soltanto in parte quelle del livello precedente (quello degli ecosistemi) perché compaiono nuovi caratteri (*proprietà emergenti*) dovuti all'interazione tra le parti che formano il nuovo livello. Caratteri propri del sistema paesaggio sono, tra gli altri, la diversità, la connettività e la contiguità dei sistemi che lo formano. Nel 1989, nel suo *Ecology and Our Endangered Life-Support Systems*, E.P. Odum considera il paesaggio come il livello di organizzazione dei sistemi ambientali interposto tra l'ecosistema e il bioma. Paesaggi simili per struttura e caratterizzati dagli stessi tipi di vegetazione naturale formano un bioma.

Le idee fondamentali dell'ecologia del paesaggio come scienza ambientale hanno avuto un'organica presentazione nell'opera *Landscape Ecology* [Forman e Godron 1986]. Per lo statunitense Richard T.T. Forman e il francese Michel Godron il paesaggio è «*a heterogeneous land area composed of a cluster of interacting ecosystems that is repeated in similar form throughout* (un'area territoriale eterogenea, composta da un gruppo di ecosistemi interagenti, che si ripete in forma simile in zone contigue)».

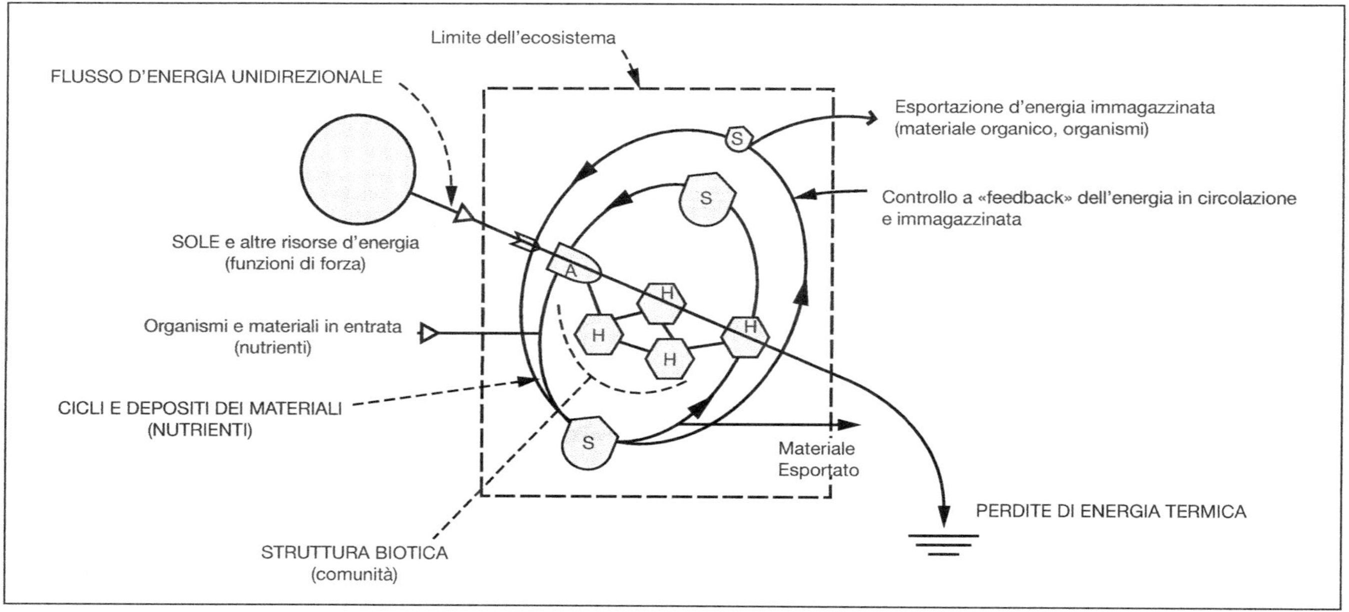

FIG. 1. Diagramma funzionale di un ecosistema. Flusso di energia, cicli dei materiali, relazioni tra componenti della struttura biotica (comunità biologiche) sono i protagonisti centrali dei processi ecosistemici. I viventi autotrofi (A) ed eterotrofi (H) sono riuniti in una rete alimentare.

Fonte: Odum [1983].

FIG. 2. Struttura di un ecosistema terrestre (prateria) e di un ecosistema acquatico (lago o mare) a confronto.

Nota: In entrambi gli ecosistemi il funzionamento è assicurato dalla «cattura» dell'energia solare, tramite la fotosintesi degli autotrofi (produttori), ottenendo energia chimica e composti organici (nutrienti). Gli ecosistemi hanno componenti funzionali simili (produttori, consumatori, decompositori) ma le specie presenti e i loro rapporti quantitativi sono notevolmente differenti. Nel primo (I) gli autotrofi (IA) sono vegetali di grandi dimensioni, nel secondo (IB) sono gli organismi unicellulari del fitoplancton. I consumatori primari (II) nel primo sono insetti e mammiferi erbivori (IIA), nel secondo sono piccoli organismi dello zooplancton (IIB). I consumatori secondari sono carnivori (IV): uccelli e mammiferi (IVA) nei sistemi terrestri, pesci (IVB) in quelli acquatici. I decompositori sono detritivori (III) e saprofiti (IV): nei sistemi terrestri entrambi vivono nel suolo (IIIA), in quelli acquatici sui sedimenti del fondo (IIIB).

Fonte: Odum [1983].

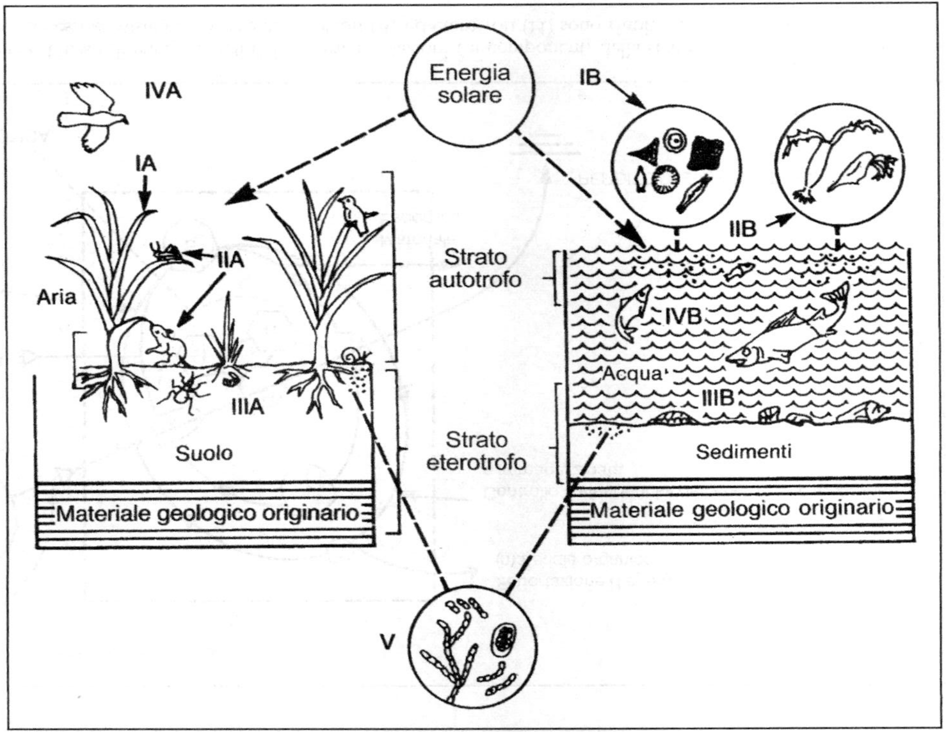

Ne consegue che l'ecologia del paesaggio «*explores how a heterogeneous combination of ecosystems – such as woods, maedows, marshes, corridors and villages – is structured, functions, and changes* (esplora come un'eterogenea combinazione di ecosistemi – quali boschi, prati, lagune, corridoi ecologici e villaggi – è strutturata, funziona e cambia)».

L'eterogeneità del paesaggio, come manifestazione visibile della diversità ambientale in un'area determinata, è il paradigma centrale dell'ecologia del paesaggio. Di notevole importanza, per l'elaborazione delle basi teoriche di questo approccio, è stata la *teoria gerarchica dei sistemi ambientali*, elaborata nel 1982 dagli ecologi statunitensi T.F.H. Allen e T.B. Starr Bell nella loro opera *Hierarchy: Perspectives for Ecological Complexity* dove è centrale l'idea del paesaggio come struttura ambientale complessa, organizzata come un sistema gerarchico. In particolare, come hanno chiarito S.T. Pickett e P.S. White [1985], il disturbo è il fattore ecologico chiave per comprendere la forma e la composizione interna dei sistemi che formano il paesaggio.

Disturbo, in ecologia, è qualsiasi fenomeno esterno che distrugge funzioni e struttura di un ecosistema. Può essere naturale o derivato dall'azione dell'uomo, direttamente o indirettamente. Le forme di disturbo differiscono per la loro selettività. Gli effetti di un erbivoro in una prateria tendono a essere ristretti alle piante brucate e agli organismi decompositori del suolo, ma certi fenomeni, come il fuoco, possono influenzare entrambe queste componenti. In generale vi è una relazione inversa tra grado di selettività e intensità del disturbo. Ogni disturbo crea però spazi e risorse nuove per differenti componenti dei sistemi ambientali ed è quindi un fenomeno cruciale per modificazioni interne ai sistemi e, se di elevata intensità e di grande estensione, per l'insieme dei sistemi che formano il paesaggio. L'idea del disturbo come protagonista ambientale ha fornito agli ecologi uno strumento concettuale valido per lo studio del dinamismo interno dei sistemi ambientali e, come applicazione a scala vasta, uno strumento per l'analisi degli interventi umani nello spazio-ambiente, gli apporti culturali in vario grado combinati con i caratteri naturali di un paesaggio. In questo modo non sono aumentate soltanto le conoscenze sui fenomeni indotti dalle attività umane ma, insieme, la qualificazione degli ecologi stessi nel supportare progetti di conservazione, ripristino e gestione ambientale.

2. *Il paesaggio come realtà ambientale eterogenea*

La definizione di paesaggio relativamente ad ambiti di scala in cui le unità descrittive sono gli ecosistemi è stata la prima chiaramente formulata ma ha in sé una limitazione, che si tende oggi a superare per estendere l'approccio paesaggistico allo studio più generale dell'eterogeneità ambientale, a differenti livelli di scala.

L'ecologia del paesaggio è quindi un approccio scientifico che riguarda le cause e gli effetti dell'eterogeneità ambientale piuttosto che un particolare ambito di dimensioni. Il grado di eterogeneità ambientale dipende dalla scala. Ogni sistema è «un insieme di elementi interagenti» e l'eterogeneità del sistema considerato, a ogni livello di scala, è al centro dell'analisi ecologica.

Se il paesaggio viene inteso, in senso generale, come un mosaico di elementi si è naturalisticamente più attenti alle diverse scale di percezione (e d'uso) dell'ambiente da parte di organismi diversi: infatti, una brughiera di mirtilli è un ambiente omogeneo per gli uomini, ma non lo è per le farfalle. Una farfalla vede la brughiera come un mosaico di piante erbacee a fiore immerse in una matrice di arbusti.

Ogni vivente ha il suo paesaggio. Tuttavia, i viventi mostrano capacità di cambiare scala di osservazione: la loro percezione dell'ambiente può cambiare in base al processo che stanno vivendo (alimentazione, riproduzione, esplorazione ecc.) o è variata in base a ritmi interni o stagionali. Un esempio significativo può essere quello relativo al comportamento della volpe (*Vulpes vulpes*). Questo mammifero percepisce il proprio ambiente con risoluzioni differenti, legate al differente uso dello spazio in momenti differenti della propria vita. Durante la ricerca del cibo il paesaggio (paesaggio alimentare) le appare eterogeneo, ad alta risoluzione, formato da macchie di cibo e non-cibo. Durante la stagione degli accoppiamenti il paesaggio (paesaggio riproduttivo) le appare a grana più grossolana e formato da macchie a vasta estensione, definite dalle tracce odorose di un possibile partner.

Di conseguenza nella gestione della biodiversità che caratterizza i sistemi ambientali deve essere utilizzata una serie di scale spaziali: ogni scala è importante per un subset di specie, ogni specie risponderà a più di una scala.

La ricerca di metodi appropriati ai problemi che vogliamo esaminare è – da sempre – un problema cruciale della conoscenza.

Possiamo quindi concludere che l'ecologia usa oggi il concetto di paesaggio in due modi.

Il primo riguarda il paesaggio come un territorio a scala umana. I paesaggi sono sistemi di sistemi ambientali che esistono alla scala di chilometri, e comprendono elementi riconoscibili, riconducibili a tipi di ecosistemi (foreste, praterie, campi coltivati, siepi) e insediamenti umani e/o altri elementi derivati dall'attività dell'uomo.

Il secondo uso del paesaggio è un'astrazione che descrive l'eterogeneità spaziale dell'ambiente a ogni scala. In questo modo il paesaggio è un criterio ecologico per un approccio spaziale allo studio di qualsiasi sistema ecologico, dalla zolla di un prato a un'intera valle e anche agli ambienti acquatici, sia marini sia d'acqua dolce.

Se l'eterogeneità ambientale è il carattere proprio dei sistemi di paesaggio, a qualunque livello di scala, ne deriva che l'analisi di un paesaggio deve esprimere primariamente il numero e i rapporti spaziali tra gli elementi che lo formano. Ogni paesaggio è un sistema eterogeneo formato da *patches*, una parola che in italiano può rendersi con *macchie* o *tessere*. Ogni *patch* ha una forma, una dimensione e contatti e connessioni con altre *patches*. Il tipo di macchia la cui estensione relativa è superiore all'estensione della somma di tutte le altre *patches* è la matrice del paesaggio considerato.

Sulla base di questa idea fondamentale, ogni paesaggio può essere descritto relativamente a caratteri come la diversità (eterogeneità), la dominanza di un tipo di macchia e la dispersione spaziale (*pattern*) delle macchie, utilizzando gli stessi procedimenti di calcolo che gli ecologi usano per lo studio della diversità, della dominanza e della distribuzione spaziale delle popolazioni e degli ecosistemi [Turner e Gardner 1991; Farina 1998; 2001]. Viene così soddisfatta l'esigenza propria di ogni scienza descrittiva e sperimentale: «*omnia in mensura et numero et pondere*», come è già scritto nella Bibbia, Libro della Sapienza (11,20)!

La scala più appropriata per indagare un pattern o un processo è quella che consente di raccogliere il maggior numero d'informazioni su quel determinato fenomeno. È comunque opportuno rilevare che un fenomeno, per il quale abbiamo individuato l'appropriato livello di scala, è generalmente influenzato da fenomeni che avvengono a scale diverse. Si può fare l'esempio delle comunità vegetali. La loro composizione in specie può essere determinata a una certa scala di studio (generalmente dell'ordine delle centinaia di m^2) ma per capirne le cause naturali occorre studiare la competizione aerea e radicale, per la quale è necessaria una scala più fine (da dm^2 a pochi m^2), l'influenza del clima locale e quella del paesaggio circostante sui flussi di propaguli (le scale, in questi ultimi due casi, sono dell'ordine dei km^2).

I caratteri propri di ogni livello di organizzazione dei sistemi ambientali hanno importanti correlazioni con altri caratteri: per esempio, nella vegetazione naturale (o prossima a questa condizione) il numero di specie che formano una comunità vegetale è più alto se queste si trovano in un paesaggio ricco di comunità vegetali piuttosto che in un paesaggio con poche comunità [Kohn e Walsh 1994]. Ciò deriva dall'evidente interazione (flussi di semi, propaguli, spostamento di individui animali) tra ecosistemi vicini, sia spazialmente sia ecologicamente. Ogni sistema è parte di un sistema più grande, di una *struttura* di sistemi in un certo luogo, delle loro relazioni spaziali, stabilitesi nel tempo e da cui dipenderà il loro futuro.

Tra i sistemi esiste quella che il fisico J. Robert Oppenheimer – noto soprattutto per aver patito le contraddizioni laceranti dell'uomo di scienza di fronte all'impiego bellico dell'energia nucleare – ha definito *complementarietà*, cioè un ordine per il quale le parti si inseriscono nell'insieme e l'insieme ha bisogno delle parti. In sintesi: ogni cosa è importante per tutte le altre. Nel 1926, nel suo libro *Holism and Evolution*, Jan Christiaan Smuts (1870-1950) elaborò questa idea e la chiamò *olismo*. L'intero cosmo, in generale, è un insieme gerarchicamente organizzato di elementi (sistemi), ognuno dei quali nasce dalle relazioni che si sono stabilite tra altri elementi (sistemi) a un livello di scala minore. Gli atomi formano le molecole, queste formano i minerali e le cellule dei viventi, i minerali formano le rocce e le cellule formano i tessuti. I tessuti formano gli organismi e questi le popolazioni, le comunità, i paesaggi. I diversi livelli di sistema (che sono altrettanti livelli di scala) hanno mattoni costitutivi che derivano dal livello inferiore ma hanno caratteri propri che derivano dall'interazione tra i sistemi costitutivi. Ogni sistema è un insieme di relazioni ed è caratterizzato da proprietà nuove (emergenti) rispetto ai sistemi che lo formano.

Il biologo austriaco Ludwig Von Bertalanffy (1901-1972), nell'introduzione alla sua opera del 1968 *General System Theory. Foundation, Development, Applications*, ha fatto notare che l'attenzione a ciò che è proprio del sistema considerato porta a rifiutare l'approccio riduzionista (il terzo assioma del *Discours de la méthode* di René Descartes) nello studio dell'ambiente. In ecologia il riduzionismo è stato messo in crisi dall'esistenza di una molteplicità di variabili che interagiscono e che singolarmente (come fattori) non possono essere analizzate in modo esauriente, proprio perché interagiscono. Trascurando di collocare i differenti elementi nel loro sistema di relazioni si rende incomprensibile la realtà ambientale che si vuole studiare. Occorre però sottolineare che la contrapposizione metodologica tra riduzionismo e olismo è superabile grazie al principio delle *proprietà emergenti*, già ricordato, perché «ogni volta che le stesse parti si organizzano in modo diverso emergono sempre proprietà nuove», come ha osservato il biologo David L. Kirk [1980]. L'analisi multivariata, resa possibile dal contemporaneo grande sviluppo dell'informatica, consente di analizzare la complessità delle interazioni come tale ed è uno dei supporti metodologici più efficaci dell'approccio olistico. Questa crescente attenzione al tutto, che inverte il cammino metodologico di Cartesio, salvandone però il cuore – l'esigenza di misurare e correlare –, è un'avventura scientifica fortemente connotata dalle possibilità tecniche del nostro tempo: il poter vedere dall'alto (con aerei e satelliti) e il poter elaborare velocemente grandi quantità di dati (con i computer).

Ogni sistema da studiare è una *scatola nera*, una realtà percepibile soltanto dall'esterno, della quale possono essere misurate l'entrata e l'uscita di energia e di informazione. Si può costruire su questa base una gerarchia di scatole nere. Si può, infine, rendere trasparente la scatola nera elaborando un modello di struttura e di funzionamento interno, se sono disponibili dati sufficienti. Ne deriva anche che il paesaggio è il livello di analisi ambientale che più necessita di una integrazione tra discipline scientifiche diverse. Questa integrazione non viene però raggiunta attraverso la somma delle competenze disciplinari: l'originalità dell'ecologia del paesaggio consiste nel partire sempre dalla descrizione dell'eterogeneità ambientale, dalle macchie, dalle *matrici*, dall'analisi dei contatti: in poche parole, dall'analisi delle interazioni tra sistemi, alla stessa scala o a scale diverse.

CAPITOLO SECONDO

PAESAGGIO E BIODIVERSITÀ

1. *Uno spazio necessario*

Il termine *biosfera*, coniato nel 1875 dal geologo austriaco Eduard Suess (1831-1914), indica l'insieme delle zone terrestri dove è possibile la vita. Si tratta di una sottile pellicola stesa in modo piuttosto irregolare sulla superficie del pianeta. Se ci riferiamo alla distribuzione degli organismi fotosintetici (i *produttori primari*), da cui dipende l'inizio dei flussi energetici nella biosfera, questa pellicola si estende da poco più di 100 m di profondità, nei mari più limpidi, fino a 6.500 m di quota. Se consideriamo anche la cosiddetta regione «parabiosferica», dove sono distribuiti viventi che dipendono energeticamente dalla biosfera, possiamo comprendervi anche le profondità oceaniche e i primi strati dell'atmosfera raggiungendo uno spessore massimo di circa 20 km. Se pensiamo alle dimensioni del raggio terrestre (circa 6.371 km) questo spessore ci appare, in proporzione, meno dello spessore della buccia di una mela rispetto alla dimensione della mela intera.

Questa piccolissima parte della superficie terrestre, che viene ordinata da un flusso di energia tramite i processi fotosintetici, è una realtà estremamente preziosa e delicata che qualifica il nostro pianeta come «l'isola biologica» dell'Universo. In questa isola i viventi si distribuiscono secondo le opportunità fornite dall'ambiente fisico e dalle reciproche relazioni funzionali. Si formano comunità biologiche e differenti ecosistemi. L'ecologo statunitense Robert H. Whittaker (1920-1980), nella sua opera del 1975 *Communities and Ecosystems*, ha definito il paesaggio come «il contesto geografico delle comunità biologiche». In estrema sintesi, il paesaggio nasce dalla distribuzione nello spazio della diversità biologica, organizzata in ecosistemi.

Il termine *diversità*, usato nelle scienze biologiche e ambientali, non corrisponde – se non in minima parte – al significato di questa parola nella lingua italiana, ma fa riferimento a un concetto nato nell'ambito della logica matematica, nella cosiddetta teoria degli insiemi. In un qualsiasi insieme di elementi, la varietà dei tipi (o classi) cui gli elementi possono essere attribuiti mediante criteri di classificazione, e i loro rapporti quantitativi, costituiscono la diversità dell'insieme. L'applicazione del concetto ai sistemi viventi, dal livello delle popolazioni, formate da individui della stessa specie, differenti per assetti del genoma, a quello degli insiemi di specie vegetali e animali, organizzate in comunità e queste in ecosistemi, porta ad aggiungere a diversità l'aggettivo «biologica» o, in modo più sintetico, a usare il termine *biodiversità*. Ne esistono varie definizioni.

La Convenzione Internazionale sulla Biodiversità Biologica del 2003 la definisce come «la variabilità degli organismi viventi (terrestri, marini, acquatici) e dei complessi ecologici di cui fanno parte». Questa definizione include la diversità (genetica) nelle specie, la diversità delle specie (o altre categorie della sistematica biologica) e la diversità degli ecosistemi. La diversità genetica, la diversità specifica e la diversità ambientale sono i tre principali livelli di scala, tra loro interdipendenti, in cui si realizza la biodiversità.

La biodiversità, in estrema sintesi, è la manifestazione visibile della biosfera, dal genoma all'ambiente (fig. 3). All'origine di tutto vi è la diversità genetica, la variazione dei genotipi nell'ambito di una stessa specie, come risultato di processi di mutazione, selezione naturale e isolamenti genetici di vario tipo. La diversità specifica, originata dalla diversità genetica, descrive la varietà (numero e frequenza) delle specie in un ecosistema o in un'area geografica. A volte può essere utile considerare livelli della sistematica biologica superiori alla specie (genere, famiglia, ordine): in questi casi è corretto riferirsi alla diversità tassonomica.

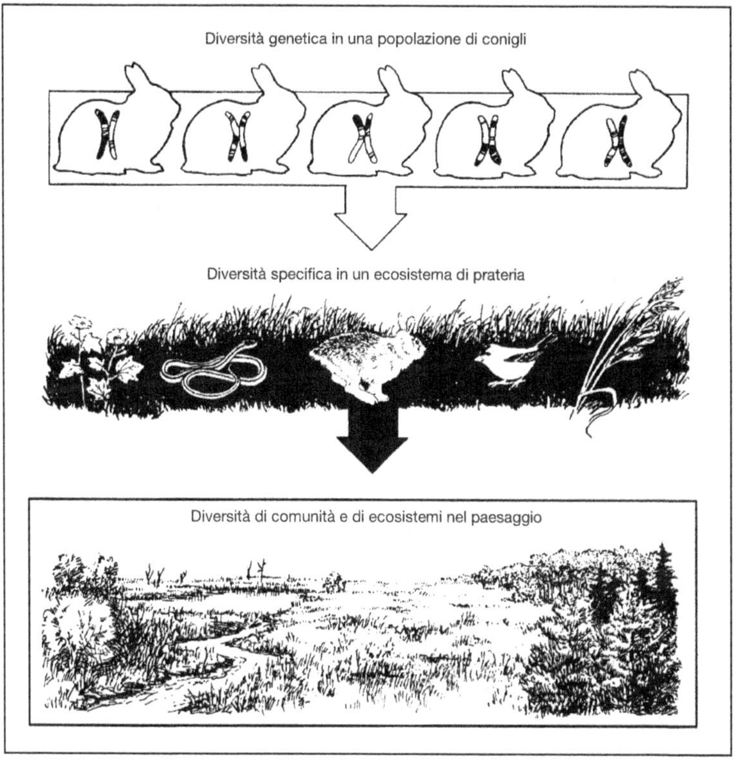

FIG. 3. La diversità ambientale è l'ultimo livello di scala della biodiversità: gli ecosistemi che formano un paesaggio nascono dalla distribuzione spaziale di popolazioni vegetali e animali, ognuna caratterizzata da una propria diversità genetica.

Fonte: Ferrari e Pezzi [2012].

La specie è l'unità tassonomica maggiormente utilizzata nelle stime di biodiversità in quanto corrisponde spesso all'evidenza che individui della stessa specie, attraverso caratteri morfologici omogenei, esprimono la loro omogeneità genetica. La sola ricchezza specifica (ovvero il numero delle specie presenti) è spesso utilizzata come valutazione della diversità biologica, in quanto – in molti casi e, di regola, nei sistemi complessi e di grande estensione – è difficile misurare la frequenza delle specie.

La diversità ambientale è il prodotto visibile, in un determinato territorio, della distribuzione della sua diversità tassonomica, dei rapporti strutturali e funzionali che si stabiliscono tra le popolazioni delle specie vegetali e animali e della loro distribuzione spaziale, determinata dalla qualità e dall'ampiezza delle risorse ambientali disponibili, incluse quelle generate (o limitate) dall'attività umana. La diversità ambientale esistente in un determinato ambito spaziale è l'origine di quello che viene comunemente chiamato paesaggio. Le sue unità sono formate da sistemi ambientali (ecosistemi) con differenti contenuti naturali e culturali (cioè generati dall'attività umana).

Il paesaggio, come distribuzione nello spazio della diversità ambientale, è in grado di influenzare i rapporti riproduttivi tra le popolazioni animali e vegetali e, quindi, i loro processi genetici. Le popolazioni di una specie, animale o vegetale, sono distribuite nel paesaggio in modo frammentario mediante popolazioni che occupano aree differenti. Se non esistono condizioni ambientali che lo impediscono (distanze geografiche ampie, barriere ambientali) le popolazioni di una stessa specie, animale o vegetale, costituiscono unità riproduttive potenziali e formano, nel loro complesso, quella che gli ecologi definiscono una *metapopolazione*. Il concetto di metapopolazione si deve all'ecologo americano Richard «Dick» Levins, che elaborò un modello matematico dei rapporti tra dinamismo delle popolazioni biologiche e cambiamenti ambientali [Levins 1968; 1969]. Il grado di mobilità nel paesaggio degli individui o le possibilità di dispersione degli apparati riproduttivi (pollini e spore), nel caso delle piante, è cruciale per il funzionamento di una metapopolazione. Lo studio di differenti situazioni ha portato a distinguere due modelli fondamentali. Il primo è il modello isola-continente o nucleo-satellite (*island-mainland* o *core-satellite*): in questo caso esiste un'ampia popolazione che rappresenta la fonte di colonizzatori per le popolazioni circostanti, che variano in dimensione e grado di isolamento. Nel caso di crisi demografiche, fino all'estinzione locale, delle popolazioni periferiche rispetto al nucleo principale, se un'area si trova in prossimità del «continente» avrà una maggiore probabilità di essere (ri)colonizzata rispetto a un'area isolata o lontana. Il secondo modello è quello delle popolazioni a macchie (*patchy populations*). In questo caso la distribuzione della metapopolazione è caratterizzata da popolazioni locali, simili per dimensioni e spazialmente disperse. Se le popolazioni locali sono isolate e le connessioni tra esse sono limitate, la possibilità di ricolonizzazione di un'area dopo un'estinzione locale sarà bassa. Se le popolazioni sono connesse in modo che i movimenti siano favoriti, le estinzioni sono meno frequenti e le ricolonizzazioni più rapide, tendendo a un aumento della stabilità delle differenti popolazioni.

Nei territori più modificati da infrastrutture, le strade creano barriere ambientali insuperabili per molte specie animali. Le strade impediscono il libero movimento delle specie e possono creare condizioni di isolamento riproduttivo e impedire i processi di ricolonizzazione. Se la barriera persiste per molte generazioni, è possibile prevedere un cambiamento di struttura genetica delle popolazioni, con un più elevato rischio di estinzioni locali, cui segue l'impossibilità di ricolonizzazione.

Ogni condizione d'isolamento riproduttivo è la premessa per l'origine di popolazioni geneticamente (e funzionalmente) differenziate in modo tale da costituire specie differenti da quelle originarie. Ne deriva che i caratteri ambientali del paesaggio devono essere sempre considerati non solo come il complesso delle opportunità ambientali per le specie vegetali e animali che vivono nel territorio considerato ma anche, in una prospettiva di lungo periodo, come cause della diversità genetica nelle popolazioni vegetali e animali di un determinato territorio. I caratteri del paesaggio sono cruciali per la nostra comprensione delle cause ambientali della diversità genetica, sia nelle popolazioni sia negli individui. Vi sono, com'è facile capire, importanti implicazioni per le conoscenze non solo dei processi dell'evoluzione biologica ma anche, in uno scenario di breve periodo, per le applicazioni alle strategie di conservazione biologica. Questi temi sono al centro delle ricerche scientifiche della cosiddetta *Landscape Genetics* [Manel *et al.* 2003].

2. *Numero delle specie e spazio disponibile*

La descrizione delle relazioni tra il numero delle specie e i contesti ambientali sono argomenti che hanno sempre interessato i naturalisti. L'ecologo popolazionista Robert Helmer MacArthur (1930-1972) e il biologo Edward Osborne Wilson, nell'opera *The Theory of Island Biogeography* edita nel 1967, posero le basi per lo sviluppo delle analisi sulle relazioni tra diversità biologica e spazio disponibile. Al centro dell'opera sono i risultati di ricerche sulla ricchezza in specie di anfibi e rettili in isole oceaniche con differenti estensioni (fig. 4). Le isole hanno un numero di specie correlato linearmente alla loro superficie e alla distanza da fonti d'immigrazione (in genere un continente). Brevemente, le idee di MacArthur e Wilson sono note oggi agli studiosi di biogeografia come *teoria delle isole*.

In natura non esistono soltanto le isole geografiche. Si può considerare isola ogni spazio con caratteri ambientali contrastanti rispetto agli spazi contigui. Per i biogeografi ogni area adatta per una certa specie o per gruppi di specie con le stesse esigenze ecologiche, se circondata da aree non adatte, è un'isola ecologica. Ne deriva che il concetto di isola si può estendere alle aree oltre il limite altitudinale delle foreste, ai laghi, ai frammenti di sistemi forestali circondati da spazi fortemente modificati dall'uomo. Si tratta di aree fortemente delimitate dal punto di vista ecologico rispetto al paesaggio in cui sono inserite. In questo senso la teoria delle isole è divenuta la prima struttura teorica per interpretare la distribuzione e la dinamica della fauna/flora nel paesaggio considerato.

Se nel paesaggio esistono ambienti che hanno una diversità specifica molto più elevata di quelli circostanti per effetto di una concentrazione elevata di risorse, queste aree vengono considerate punti focali (*focal points*). Un esempio celebre è quello dei *pingos* artici. Queste collinette, il cui nome è di origine eschimese, sono alte da 6 sino a oltre 90 m con diametri di circa 800 m e sono create dal congelamento di acqua che rimane intrappolata tra il permafrost e uno strato superficiale di terreno ghiacciato. I pingos spiccano nel piatto paesaggio delle terre artiche dove

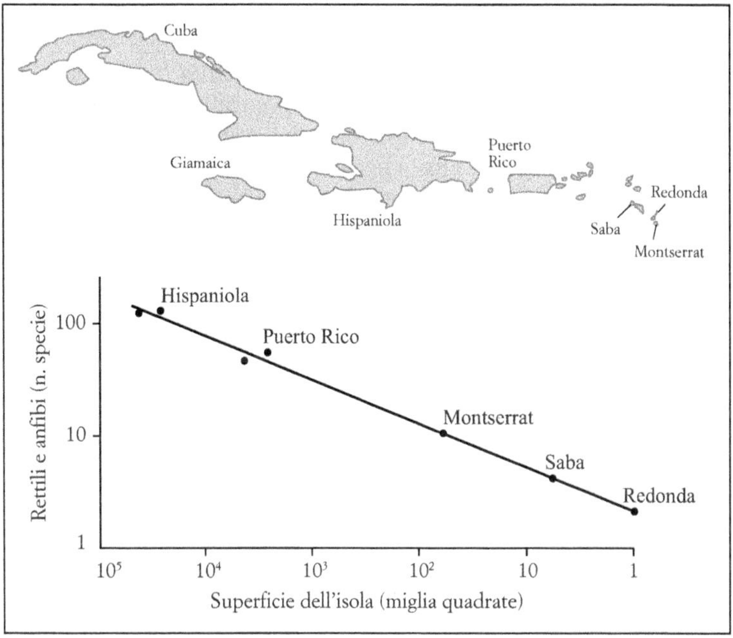

FIG. 4. Relazione tra l'area delle isole delle Indie Occidentali e il numero di specie di anfibi e rettili, secondo la descrizione originale di MacArthur e Wilson (1967), che ha inaugurato l'attenzione scientifica sulle relazioni tra spazio disponibile e ricchezza biologica.

Fonte: Ferrari [2010].

le parti rilevate sono molto rare. Le loro pendici ospitano una diversità specifica molto elevata. Questo perché la loro forma crea su piccole superfici un'elevata eterogeneità ambientale, dovuta alle differenti esposizioni, alla durata delle coperture nevose e all'erosione; la ripidità dei versanti non favorisce la formazione di torba e i suoli sono particolarmente ricchi di nutrienti e, infine, la ghiaia e la sabbia del substrato favoriscono l'escavazione di tane da parte di scoiattoli e volpi, provocando un modesto grado di disturbo e l'apporto di nutrienti. I pingos sono quindi un concentrato delle risorse che nelle aree circostanti sono assenti o poco frequenti. Sono componenti importanti per il paesaggio alla scala di scoiattoli e volpi. Lo stesso si può dire – in un paesaggio totalmente differente e alla scala utile per l'uomo – per le oasi dei deserti.

Le relazioni tra ricchezza specifica e area forniscono le prime informazioni sulle risorse disponibili per le specie e, quindi, sui luoghi di vita esistenti nell'area. Ogni specie ha un proprio luogo di vita, che gli ecologi chiamano *habitat*. L'origine di questo nome va ricercata nella terza persona singolare del tempo presente del verbo latino *habitare*. Fino a tutto il XVIII secolo, il latino fu usato come lingua della comunicazione scientifica e, in biologia, questa lingua è tuttora usata per le descrizioni ufficiali dei caratteri morfologici e della distribuzione di una specie. Così per indicare l'ambito geografico e il luogo fisico in cui si potevano trovare individui di una certa specie si ricorreva a questo verbo. Così Carlo Linneo, nel suo *Species Plantarum* [1753], nel caso di *Gentiana acaulis*, la più nota delle genzianelle, scrisse: «*Habitat in alpibus, Helveticis, Austriacis, Pyrenaicis*», cioè «vive negli alti pascoli (alpeggi) della Svizzera, dell'Austria, dei Pirenei». Allo stesso modo, per *Gentiana pneumonanthe* scrisse: «*Habitat in Europae pasculis humidiusculis* (vive in praterie europee molto umide)». Un habitat indica quindi lo spazio ambientale dove si realizzano in un paesaggio le condizioni ambientali adatte a una certa specie. Il numero delle specie che condividono un certo habitat dipende dalla storia naturale del luogo e dalle tolleranze ecologiche delle specie. La ricchezza degli habitat fornisce una misura della complessità ecologica e della ricchezza biologica di un certo paesaggio.

Le specie animali, di regola, utilizzano molti tipi di habitat durante il loro ciclo vitale: alcune specie migrano da un habitat a un altro dallo stadio giovanile a quello adulto o hanno migrazioni stagionali in risposta alla variazione del clima e delle risorse utilizzabili. Molte specie dipendono da un habitat per la riproduzione (*source*) che differisce da quello utilizzato per la nutrizione (*sink*).

Lo spazio ambientale che una specie animale usa per le proprie funzioni vitali costituisce il suo *home range*. Se questo spazio è difeso è corretto attribuirlo a una territorialità della specie. Nell'ambito dell'*home range* possiamo, inoltre, individuare la *core area*, cioè quella parte di *home range* soggetta a più intensa frequentazione.

3. *Ricchezza biologica e stabilità dei sistemi ambientali*

Uno dei problemi centrali dell'ecologia riguarda le relazioni tra la biodiversità e il funzionamento degli ecosistemi. La conoscenza di queste relazioni è diventata sempre più rilevante con il progredire delle trasformazioni dell'ambiente causate dall'uomo. La distribuzione, la numerosità (ricchezza) e l'abbondanza delle specie sono state profondamente alterate, dato che le trasformazioni ambientali hanno eliminato un gran numero di specie endemiche e rare [Turner *et al.* 1993] e lo sviluppo capillare dei trasporti ha portato alla diffusione di un gran numero di altre specie [McNeely *et al.* 1995]. Questa «riorganizzazione biologica» si accompagna a un certo numero di altri cambiamenti quali quelli climatici, la contaminazione chimica della biosfera e l'alterazione dei cicli dei nutrienti. Il mantenimento della biosfera e delle sue funzioni presuppone ora che vengano migliorate le conoscenze sulle interazioni ecologiche tra le specie e sul valore di tali interazioni per la stabilità e/o la capacità di recupero dei sistemi ambientali perturbati: in breve, è essenziale conoscere quali sono i caratteri che conferiscono stabilità ai sistemi e come i sistemi rispondono alle perturbazioni, per tentare di estrapolare le loro risposte future.

Alcune definizioni iniziali su stabilità e instabilità ambientale sono, a questo punto, indispensabili. Le due componenti fondamentali della stabilità sono la resilienza e la resistenza. La *resilienza* indica la velocità con cui un sistema ritorna allo stato iniziale dopo essere stato perturbato (spostato da quello stato). La *resistenza* indica la capacità di un sistema di non subire gli effetti della perturbazione. Quando un sistema è stabile entro un ristretto ambito di condizioni ambientali è detto dinamicamente fragile; all'opposto, se è stabile entro un ampio intervallo di condizioni è considerato dinamicamente robusto.

Una domanda cui molti biologi hanno da sempre cercato di rispondere è questa: gli ecosistemi con un numero elevato di specie sono più resistenti ai cambiamenti ambientali rispetto a quelli in cui è presente un numero minore di specie? Questa relazione tra ricchezza in specie viventi e stabilità degli ecosistemi è un fenomeno chiave per comprendere il grado di stabilità naturale dei paesaggi. Già Darwin ipotizzò che i sistemi con più specie dovessero essere più stabili e capaci di resistere alle perturbazioni rispetto a quelli con minore ricchezza in specie. L'idea che la ricchezza specifica produca stabilità ecologica è stata considerata in molti studi della seconda metà del secolo scorso. I dati raccolti per descrivere la correlazione tra numero delle specie e stabilità hanno dato a volte risultati ambigui. L'ecologo inglese Robert May, nel 1974, pubblicò i risultati di uno studio dove si dimostrava che all'aumentare delle specie che interagiscono, le comunità tornano con più difficoltà nella condizione preesistente dopo una perturbazione. May ipotizzò, per spiegare tale risultato, che una comunità costituita da poche specie generaliste (con nicchie ecologiche ampie) forse è più capace di resistere alle perturbazioni rispetto a un'altra comunità con un numero molto maggiore di specie, però con nicchie ecologiche ristrette.

In realtà, il numero delle specie – da solo – non è sufficiente per spiegare la stabilità e la resilienza di un sistema ambientale, ma la ricchezza specifica ha un effetto sul sistema in relazione al ruolo ecologico/funzionale delle specie e alle interazioni con le altre specie. In particolare, una parziale sovrapposizione funzionale delle specie garantisce la persistenza di determinate funzioni del sistema anche se alcune specie sono perdute. Quest'idea è nota come «modello dei rivetti», elaborato nel 1981 dai biologi statunitensi Paul e Anne Ehrlich. Le specie sono paragonabili, secondo questa immagine, ai rivetti che fissano le ali di un aereo: la perdita di alcuni rivetti (specie) può essere surrogata dalla persistenza di altri. Un certo numero di rivetti può essere perso prima che l'ala si distacchi. Se ne deduce che esiste una sorta di complementarietà compensativa tra le specie per quanto riguarda le loro funzioni: esiste, cioè, una certa ridondanza delle specie, una sovrapposizione tra le loro funzioni ecologiche. Specie di questo tipo costituiscono un gruppo funzionale (inteso come insieme di specie, aventi simili caratteristiche morfologiche, fisiologiche, comportamentali, biochimiche, o simili esigenze ambientali). Anche se una specie è perduta, la sua funzione ecologica può persistere per la compensazione operata da altre specie con funzioni simili. Una funzione ecologica non sparisce finché non sparisce l'ultima specie con quella funzione. Se sono presenti in un ecosistema tutti i gruppi funzionali, pur mancando alcune specie all'interno del gruppo, i processi dell'ecosistema non variano. Se una specie scompare, le specie restanti del gruppo funzionale riescono a compensare tale perdita. In pratica, la maggior parte delle specie sono ridondanti nel loro ruolo ecologico; solo poche specie chiave sono fondamentali per il funzionamento del sistema.

La perdita di specie è comunque una degradazione del sistema. La compensazione maschera la degradazione: un sistema degradato può funzionare come un sistema integro ma la perdita di ricchezza specifica diminuisce la capacità del sistema di superare un disturbo o ulteriori perdite di specie. Il modello dei rivetti è molto simile all'ipotesi delle specie chiavi di volta (*keystone species*) dello zoologo statunitense Robert T. Paine, risalente al 1969.

Negli ecosistemi, tuttavia, alcune specie possono avere una maggiore importanza strutturale e funzionale determinando la struttura del sistema e l'esistenza di opportunità di vita per altre specie. La stabilità dei sistemi è dunque determinata non solo dal numero delle specie con funzioni (nicchie ecologiche) parzialmente sovrapponibili, ma anche dalla differente gerarchia funzionale delle specie. Questa idea è nota come «modello dei guidatori e dei passeggeri» (*drivers and passengers*) ed è stata illustrata in due pubblicazioni [Walker 1992; 1995]. Essa riprende ed estende l'ipotesi delle *keystone species*, come ha chiarito nel 1992 l'ecologo canadese Crawford Stanley (Buzz) Holling.

Mentre il modello dei rivetti ammette che le funzioni ecologiche siano suddivise tra le specie con ampi margini di sovrapposizioni, il modello dei guidatori e dei passeggeri si basa sull'idea che vi siano forti differenze di importanza funzionale tra le specie. Le specie non sono uguali quanto a importanza per il funzionamento delle comunità. Le specie guidatrici hanno una forte funzione ecologica: svolgono funzioni indispensabili per il sistema. Queste specie conferiscono la struttura all'ecosistema e rendono possibile la presenza di altre specie: le specie passeggere.

La complementarietà funzionale (su cui si basa il modello dei rivetti) è valida anche in questo caso, però all'interno dello stesso livello di importanza funzionale per il sistema.

Sia questa ipotesi sia quella dei rivetti riconoscono tuttavia che differenti tipi di funzione ecologica sono necessari per produrre la stabilità ecologica. Alcuni studi compiuti in ecosistemi tropicali e su comunità zooplanctoniche hanno dimostrato che la stabilità di molti, ma non di tutti, i processi ecologici dipende dalla ricchezza specifica: questa esprime anche una ricchezza di gruppi funzionali.

Questi risultati suggeriscono che la stabilità dei sistemi ambientali (e dei paesaggi) dipende da due componenti: il grado di sovrapposizione tra le nicchie ecologiche (i ruoli funzionali) delle specie e l'importanza del ruolo ecologico delle specie per la struttura dei sistemi.

Considerando queste due componenti, i modelli dei rivetti e dei guidatori e passeggeri diventano due aspetti dello stesso modello, dovuti alla variazione del grado di sovrapposizione funzionale e alla variazione dell'impatto ecologico (importanza strutturale) delle specie.

CAPITOLO TERZO

I PAESAGGI NATURALI

1. *Il ruolo centrale delle piante*

Charles Darwin annotò un giorno sul suo *Journal of Researches*: «lo scienziato esploratore deve essere innanzitutto un botanico, perché le piante sono il più evidente ornamento dei luoghi». «Ornamento» è un termine che – come biologi – ci appare riduttivo rispetto al ruolo centrale che le piante occupano nella biosfera, come unico canale di cattura biologica dell'energia solare, immettendola nei sistemi viventi, di cui assicurano così l'esistenza. Esse dominano (e assicurano) il flusso dell'energia e il ciclo della materia. Proprio per questo loro ruolo funzionale e strutturale, le piante sono il più visibile elemento («ornamento») del paesaggio. Le piante a seme (Gimnosperme e Angiosperme) e le Pteridofite (felci, in senso lato) sono i vegetali che dominano gli ambienti terrestri, da quelli naturali a quelli agricoli, plasmati dall'impatto umano. Possiamo considerarle un indicatore dettagliato e affidabile per l'analisi dei paesaggi. Il geobotanico russo-tedesco Heinrich Walter (1898-1989) ha sintetizzato tutto questo quando ha scritto: «se noi sappiamo perché le piante vivono dove le troviamo, abbiamo molte informazioni sul perché gli altri organismi, uomo compreso, vivono dove sono».

Lo studio delle piante come costruttrici del paesaggio ha un precursore in Alexander von Humboldt (1769-1859), che fu il primo esploratore scientifico attento alla distribuzione delle piante in gruppi determinati dalle opportunità ambientali. Durante il suo celebre viaggio di cinque anni nell'America centrale e nel Sudamerica, svoltosi dal 1799 al 1804, Humboldt raccolse 60.000 campioni di piante. Il suo *Voyage aux régions équinoxiales du nouveau*

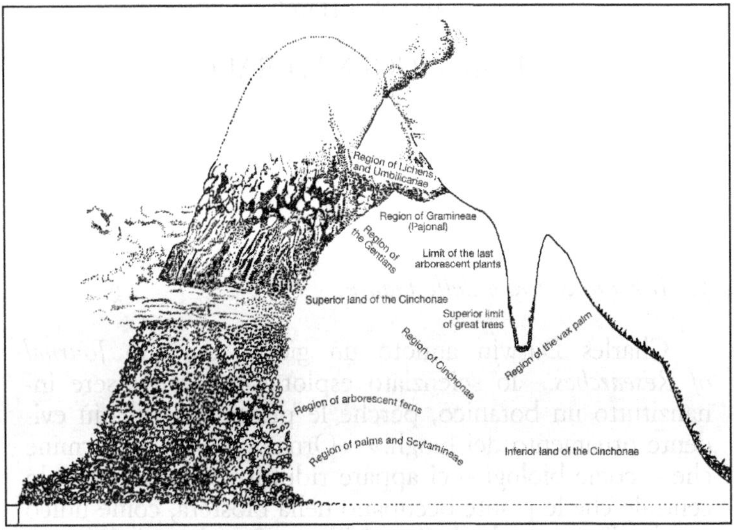

FIG. 5. Le fasce di vegetazione del Chimborazo, un vulcano spento nell'attuale Ecuador, nella descrizione di Humboldt, pubblicata nell'opera *Voyage aux régions équinoxiales du nouveau continent*, nei primi decenni del sec. XIX.

Fonte: Humboldt e Bonpland [1807].

continent, scritto con la fondamentale collaborazione del botanico Aimé Bonpland (1773-1858), che l'aveva accompagnato, fu pubblicato in 34 volumi tra il 1805 e il 1833. A quest'opera si deve far risalire l'interesse scientifico sul rapporto fra ambiente e distribuzione delle piante e l'intensa attività di ricerca che ne seguì in tutta Europa. Le osservazioni di Humboldt (fig. 5) possono senz'altro considerarsi le prime descrizioni del fenomeno oggi noto come *vegetazione*, i cui diversi *stati* definiscono – a grande scala – gli effetti biologici dei fattori ambientali. Salendo sul monte Chimborazo, un vulcano spento nell'attuale Ecuador, von Humboldt fu colpito dal fatto che le specie vegetali apparivano riunite in gruppi che si ripetevano regolarmente dove esistevano condizioni climatiche simili. Esistevano cioè diversi stati (fasce) della vegetazione che caratterizzavano gli ambiti altitudinali della montagna.

Da allora, una *fascia di vegetazione* è definita come una porzione dello spazio, individuata in senso altitudinale in un'area montuosa, nella quale si presentano le stesse potenzialità naturali della vegetazione. Le potenzialità dipendono dalle differenti tolleranze climatiche delle specie vegetali, cosicché la vegetazione introduce una visibile discontinuità nel mutare continuo delle variabili fisiche, come temperatura e umidità dell'atmosfera. In ecologia, ogni fascia di vegetazione è descritta dalla vegetazione naturale che la caratterizza, cioè dalla combinazione di piante vascolari (Felci, Gimnosperme e Angiosperme) che esisterebbero nella fascia se i soli fattori determinanti fossero quelli climatici. Questa scelta è giustificabile considerando che le piante vascolari sono i vegetali che costruiscono gli ambienti terrestri, da quelli naturali a quelli più plasmati dall'impatto umano, come «luoghi di vita» per le altre componenti della biodiversità.

2. *Vegetazioni ed ecosistemi*

Secondo l'ecologo francese Michel Godron, autore insieme allo statunitense Forman del notissimo saggio *Landscape Ecology*, la vegetazione è «la struttura della Flora di un territorio» [Godron 1984]. Si tratta di una definizione molto espressiva, che pone al centro della definizione della vegetazione il suo manifestarsi come *stato di aggregazione* delle popolazioni di specie vegetali esistenti in un territorio.

Flora è il nome dell'antica dea italica della Primavera (pensate al mito di Clori e alla famosa tavola del Botticelli). Carlo Linneo (1707-1778), il fondatore della moderna tassonomia vegetale, lo usò nella sua opera *Flora Lapponica* del 1737 e da allora con questo termine si indica il patrimonio (e il catalogo ragionato) delle piante vascolari di un dato territorio.

La composizione di una flora deriva dalla storia naturale e umana del territorio e dall'esistenza attuale di opportunità ecologiche per le specie che la compongono, mentre la vegetazione è formata da differenti quantità delle specie e dai loro diversi stati di aggregazione, derivanti entrambi dalla distribuzione delle condizioni ambientali necessarie alle specie.

Importanti, a questo proposito, sono state le opere del botanico tedesco Anton Kerner von Marilaun (1831-1898). Nella sua *Das Pflanzenleben der Donauländer*, pubblicato nel 1863 e tradotto solo nel 1951 come *The Background of Plant Ecology*, scrisse che «ogni pianta ha il suo posto, il suo periodo, la sua funzione, il suo significato. In ogni zona le piante sono riunite in gruppi definiti, sotto forma di comunità stabilizzate o in via di sviluppo, mai trasgredendo all'ordinata struttura e alla corretta composizione del gruppo».

Per effetto della distribuzione eterogenea di differenti risorse ambientali per le piante, si formano differenti aggregati di specie che gli ecologi vegetali definiscono *fitocenosi*.

Lo studio e il confronto delle fitocenosi conduce gli studiosi a identificare *tipi di vegetazione*, definiti da combinazioni caratteristiche di specie vegetali. I tipi di vegetazione, come complesso omogeneo di fitocenosi, dato il ruolo centrale delle piante come *produttori primari*, consentono di identificare differenti tipi di ecosistemi. Questi variano dalla complessità dei sistemi forestali alla semplicità ecologica dei sistemi dove le specie vegetali sono rare, per cause naturali o per opera dell'uomo.

Se il nostro interesse è verso l'identificazione dei tipi della vegetazione determinati unicamente dai caratteri del clima, cioè verso la vegetazione naturale potenziale di un determinato luogo, la descrizione del clima stesso deve riferirsi a due parametri cruciali per le piante (e per tutti i viventi): temperatura dell'atmosfera e precipitazioni. Usando questi parametri e correlandoli possiamo descrivere i cosiddetti *bioclimi*. In base a modelli di relazioni tra l'andamento delle temperature e delle precipitazioni e riferendo questi andamenti a un arco temporale medio di 30 anni vengono individuati tipi generali di bioclima.

La distribuzione dei bioclimi corrisponde, in ecologia, a quella di altrettanti biomi. Ogni bioma è definibile come un'ampia porzione della biosfera, che viene individuata e classificata in base alla forma della vegetazione naturale potenziale. Ne sono esempi significativi le foreste di caducifoglie e di conifere, le brughiere subartiche e subalpine, la tundra artica, la foresta pluviale.

Il concetto di bioclima si riferisce a una scala spaziale vasta e corrisponde a quello che i geografi chiamano macroclima. Nell'ambito di un bioclima esistono situazioni geomorfologiche, come i differenti versanti di una montagna e le forre, che creano situazioni climatiche a scala più ridotta. Questi climi «locali» sono i cosiddetti mesoclimi. Il clima può avere inoltre caratteri propri in aree ristrette che dipendono dalla vegetazione presente (aree del sottobosco), da caratteri geologici, come differenti tipi di rocce, o da particolari morfologie, come l'imboccatura di una grotta. Questi sono i cosiddetti microclimi.

In seguito, lo zoologo statunitense C. Hart Merriam (1855-1942), uno dei fondatori della National Geographic Society, notò che, scalando una montagna, incontrava le stesse formazioni vegetali che poteva vedere andando, per chilometri, da sud verso nord. Nel 1890, arrivò a calcolare che ogni miglio di altitudine (circa 1.600 m) equivale, per il bioclima e per la corrispondente vegetazione naturale potenziale, a circa 800 miglia di latitudine verso Nord (circa 1.280 km). Con questa osservazione pose le basi dell'equivalenza bioclimatica tra le fasce altitudinali della vegetazione e le zone latitudinali.

Queste idee furono alla base dello sviluppo, nel XIX e XX secolo, degli studi sulla distribuzione geografica delle specie vegetali come effetto di vicende storiche naturali e di opportunità ambientali. Nel loro ambito, si è sviluppata nel XX secolo la scienza della vegetazione, basata sullo studio delle aggregazioni spaziali delle popolazioni vegetali, come effetto della storia naturale e delle opportunità ecologiche per la vita delle piante, inclusi gli effetti degli impatti umani. Lo studio del paesaggio ha ricevuto un contributo importante e, per certi aspetti, decisivo da queste idee e dai metodi di analisi e di valutazione che ne sono derivati.

3. *Se l'uomo non ci fosse: le vegetazioni naturali dell'Italia*

I tipi di vegetazione che esisterebbero in un territorio in assenza di qualsiasi modificazione indotta, direttamente o indirettamente, dall'attività umana costituiscono la *vege-*

tazione naturale del territorio. Per definirla occorre riferirsi soltanto ai caratteri del clima e del suolo. Si possono così distinguere due tipi fondamentali di vegetazione naturale: vegetazione zonale e vegetazione azonale.

Il concetto di *vegetazione zonale* si rifà alle antiche osservazioni di von Humboldt: corrisponde a quelle vegetazioni naturali che esisterebbero in un determinato ambito latitudinale (zona di vegetazione) o altitudinale (fascia di vegetazione) se questo fosse omogeneo per caratteri del clima e del suolo. Si possono ritenere sinonimi di biomi.

Il concetto di *vegetazione azonale* riguarda invece quelle vegetazioni che dipendono primariamente da caratteri ambientali che limitano la produzione di biomassa e che selezionano poche specie adattate a questo limite: sono le vegetazioni acquatiche, palustri, di suoli sabbiosi e di suoli salati. La loro composizione specifica è simile, in generale, in un ampio ambito di latitudini e altitudini.

Usando le vegetazioni naturali (zonali e azonali), la diversità ambientale dei paesaggi, dovuta prevalentemente alle modificazioni indotte dall'uomo, viene così riferita alle sue origini naturali.

Se consideriamo il catalogo delle specie vegetali viventi naturalmente nello spazio geografico dell'Italia (la flora italiana) e i tipi di vegetazione naturale corrispondenti ai caratteri bioclimatici, possiamo suddividere questa parte geografico-politica dell'Europa in due *zone di vegetazione*. Le Alpi, la pianura padana e il versante padano dell'Appennino settentrionale, dalla Liguria alla Romagna e poco oltre, sono caratterizzati dalla dominanza di specie vegetali la cui distribuzione geografica è centrata nell'Europa centrale. Appartengono, per questo fatto, alla zona bioclimatica e vegetazionale centroeuropea. La parte peninsulare, a basse quote, e le isole sono invece caratterizzate dalla prevalenza di specie mediterranee e, di conseguenza, fanno parte della zona bioclimatica e vegetazionale mediterranea. Questa divisione, come avviene per tutti i fenomeni naturali, non è netta: il confine tra le due zone è abbastanza chiaro lungo lo spartiacque ligure ed emiliano e si attenua progressivamente dalla Romagna alle Marche. Per semplificare, si può individuare la valle del Marecchia e – ancor

Fig. 6. Un esempio di fasce altitudinali della vegetazione (Alpi orientali). I tipi di vegetazione dipendono dall'altitudine e dai corrispondenti bioclimi.

Fonte: Polunin e Walters [1985].

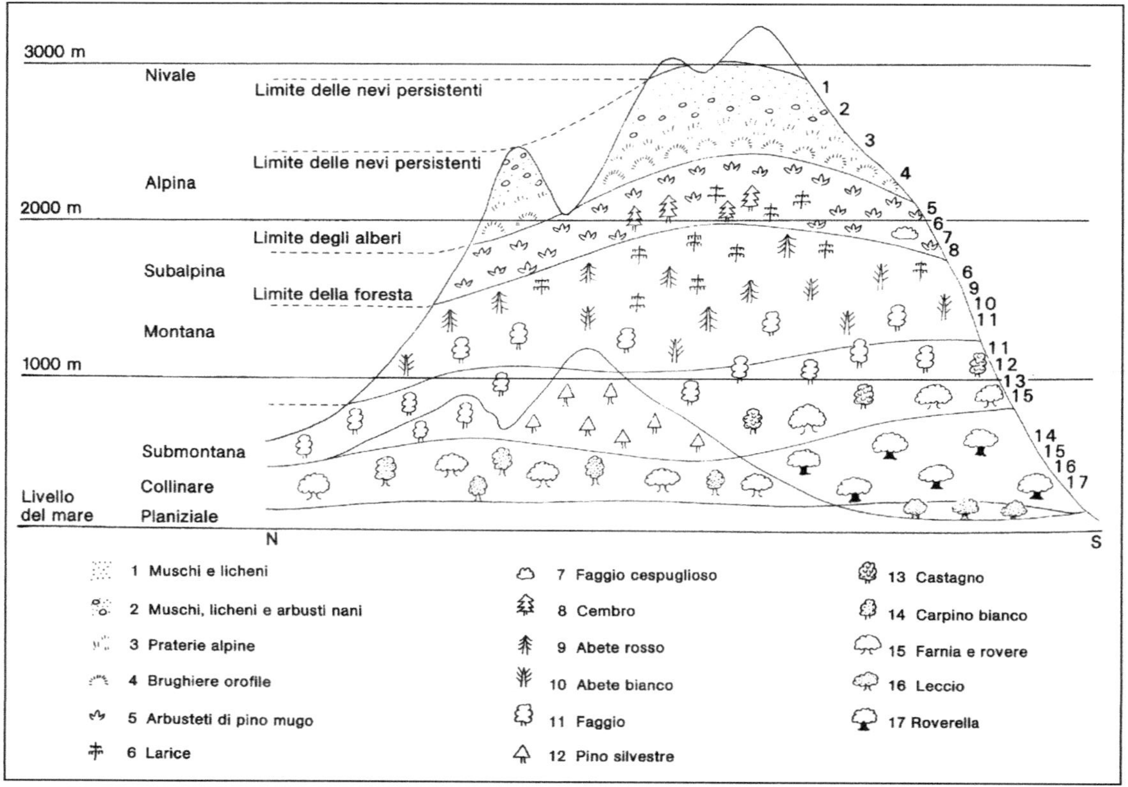

più – il Monte Conero, come il vero e proprio limite settentrionale della zona mediterranea.

Così, facendo riferimento alla vegetazione potenziale di zone e fasce di vegetazione d'Italia, si possono descrivere le principali formazioni vegetali del paesaggio naturale o quella che – per le modificazioni prodotte dall'uomo – sono soltanto espressione delle sue potenzialità: querceti sempreverdi, querceti caducifogli, faggeti, vegetazione sempreverde montana, vegetazione oltre il limite altitudinale degli alberi (fig. 6). La descrizione di queste formazioni è resa possibile da svariati contributi scientifici e dalle loro versioni divulgative. La più importante ed esauriente fu pubblicata nel 1958 con il titolo (fuorviante) *La Flora* e si deve a Valerio Giacomini (1914-1981) e Luigi Fenaroli (1889-1980). Alcuni aggiornamenti sono contenuti nella *Guide to the Vegetation of Britain and Europe* dell'inglese Oleg Polunin (1914-1985) in collaborazione con Martin Walters, di cui è disponibile la traduzione italiana, *Guida alle vegetazioni d'Europa*, edita nel 1987 [Polunin e Walters 1985].

I querceti sempreverdi e la macchia mediterranea

L'Italia mediterranea è caratterizzata dalla grande estensione potenziale di una vegetazione forestale con querce sempreverdi. L'albero simbolo di questa vegetazione è il leccio (*Quercus ilex*), che domina i pochi boschi superstiti e ancor più la macchia mediterranea alta, insieme ad altre specie legnose sempreverdi. Le formazioni con il leccio sono comunemente costiere e collinari, ma nelle regioni più meridionali tendono a innalzarsi di quota, fino a divenire tipicamente montane in Sicilia. In questo caso sono sostituite lungo la costa e alle quote più basse da una vegetazione sempreverde di clima più caldo-arido, attualmente inesistente nei suoi aspetti forestali ma rinvenibile con aspetti degradati a macchia e gariga: la vegetazione a oleastro (*Olea oleaster*), carrubo (*Ceratonia siliqua*) e lentisco (*Pistacia lentiscus*). Questa fascia mediterraneo-arida è l'ambiente della coltivazione degli agrumi in pieno campo, senza protezione invernale. Infine, nelle aree climaticamente in contatto tra la vegetazione del leccio e quella dell'oleastro e carrubo si situa la vegetazione con la quercia da sughero o sughera (*Quercus suber*), albero di cui è largamente sfruttato il grosso periderma. Nella Sardegna nord-orientale se ne possono osservare estese coltivazioni.

Millenni di storia umana, tra i più intensi e significativi, ma anche tra i più distruttivi per l'ambiente naturale, hanno agito sulla vegetazione dei querceti sempreverdi attraverso disboscamenti, incendi, pascolo di pecore e di capre, mutandone le forme originarie fino a quelle della macchia, della gariga e del semideserto roccioso. La macchia mediterranea comprende diverse specie arbustive a lenta crescita con foglie rigide e coriacee, capaci di tollerare i venti salmastri che provengono dal mare. Le macchie mediterranee si possono diversificare per composizione specifica e sviluppo strutturale. Nella macchia alta la vegetazione è prevalentemente composta da specie a portamento quasi arboreo. In questa macchia, strutturalmente prossima alla foresta mediterranea sempreverde, le specie dominanti sono leccio e sughera, alcune specie del genere *Phillyrea* (*P. latifolia* e *P. angustifolia*), il corbezzolo (*Arbutus unedo*), il lentisco (*Pistacia lentiscus*), alcune specie del genere *Juniperus* (in particolare il ginepro rosso, *J. oxycedrus*). Nella macchia bassa la vegetazione è prevalentemente composta da specie arbustive, che raggiungono al massimo i 2-3 metri d'altezza. Questa macchia è una forma di passaggio alla vegetazione della gariga e nella sua composizione possono entrare specie come l'euforbia arborea (*Euphorbia dendroides*), i cisti (come *Cistus incanus*, *C. salvifolius*, *C. monspeliensis*) e il rosmarino (*Rosmarinus officinalis*).

La gariga è la forma estrema di degradazione strutturale della macchia mediterranea, per incendi ripetuti e pascolo eccessivo di pecore e capre. Questa vegetazione discontinua è formata da bassi arbusti spinosi e frutici. Le garighe a cisti sono di gran lunga le più diffuse: vi dominano il cisto di Montpellier (*Cistus monspeliensis*) e il cisto femmina (*C. salvifolius*), il rosmarino, la salvia (*Salvia officinalis*) e alcune specie di lavanda (*Lavandula officinalis*, *L. stoechas*).

I querceti caducifogli

La vegetazione dei querceti sempreverdi è seguita in altitudine dalla vegetazione soprамediterranea (o submediterranea) dei querceti caducifogli termofili, a quote collinari o basso-montane, fino a quote massime di 400-500 m nell'Italia peninsulare. I boschi sono dominati dalla roverella (*Quercus pubescens*) e comprendono molti piccoli alberi, arbusti e varie specie erbacee. Nell'Italia mediterranea questi querceti si arricchiscono spesso di altre querce come il fragno (*Quercus trojana*) e il farnetto (*Quercus frainetto*), mentre nell'Appennino settentrionale, sulle Prealpi e sulle Alpi questi boschi comprendono prevalentemente alcuni aceri, l'orniello (*Fraxinus ornus*) e il carpino nero (*Ostrya carpinifolia*), mentre la roverella vi ha minore importanza. La fascia di questi boschi submediterranei è oggi caratterizzata dalla notevole estensione di vigneti e da frequenti esempi di vegetazione spontanea in ripresa dopo l'abbandono delle coltivazioni.

In questa fascia di vegetazione, i suoli meno evoluti delle vallate alpine a clima continentale (le valli centroalpine, come la Valle d'Aosta, la Valtellina e la Val Venosta) sono ricoperti da pinete di pino silvestre (*Pinus sylvestris*), la conifera a più ampia distribuzione euroasiatica.

Su tutta la catena appenninica, a quote variabili tra 500 e 1.000 m, si estende la fascia dei querceti caducifogli mesofili, con rovere (*Quercus petraea*) e cerro (*Quercus cerris*). Questi boschi sono stati in gran parte distrutti in passato per far spazio alle coltivazioni di castagno (*Castanea sativa*) e a prati falciabili. Da tempo, mutato l'utilizzo economico di queste aree di montagna, i castagneti sono ovunque in forte regresso.

Un tipo particolare di querceto caducifoglio mesofilo è il bosco misto di farnia (*Quercus robur*) e carpino (*Carpinus betulus*). Questa vegetazione forestale, la cui distribuzione caratterizzava un tempo tutte le pianure centroeuropee, ricopriva anche la pianura padana, prima della sua totale trasformazione agraria, avviata in modo estensivo dai Romani subito dopo la conquista di questo territorio, circa due secoli prima di Cristo. Pochissimi sono i boschi che ci presentano alcuni aspetti, spesso frammentari, dell'antico volto forestale della nostra più grande pianura. In Lombardia esistono ancora i boschi Negri presso Pavia e di Zerbolò in Lomellina, i boschi della Zelata presso Bereguardo e il bosco della Fontana presso Mantova. A questi si aggiungono, in Emilia, il bosco di Torrile presso Parma, il bosco di Sant'Agostino in provincia di Ferrara e, in Romagna, il bosco palustre di Punte Alberete, poco a sud del delta padano.

I faggeti

La vegetazione dei faggeti è tipicamente montana, di solito oltre la quota di 800-1.000 m. La sua distribuzione corrisponde a un clima temperato, con accentuata piovosità estiva e nebbie frequenti: quello che si può definire un clima suboceanico. Il faggeto naturale è un bosco misto dove il faggio (*Fagus sylvatica*) è associato ad aceri (*Acer pseudoplatanus*, *A. platanoides*), cerro, orniello, carpino nero, tigli e sorbi. Si presenta come «alto fusto» oppure come «ceduo»: in entrambi i casi per effetto di secolari utilizzazioni economiche, anche se i boschi ad alto fusto sono le forme più vicine alle condizioni naturali. Nei faggeti è talvolta presente l'abete bianco (*Abies alba*) che, per determinante opera umana, può formare abetine pure, come sull'Appennino calabrese, presso Serra San Bruno.

Sulle Alpi e sugli Appennini i faggeti sono stati spesso sostituiti da fustaie colturali di conifere, soprattutto di abete rosso (*Picea abies*), oppure sono stati distrutti per ricavare prati falciabili e pascoli.

La vegetazione sempreverde montana

Le foreste di aghifoglie sono formate in prevalenza da abete rosso e larice (*Larix decidua*). Quest'ultimo è stato spesso favorito dall'uomo: si tratta dell'unica conifera della flora europea a foglie caduche e, anche d'estate, la sua ombreggiatura del suolo è rada, favorendo la formazione di un sottobosco erbaceo che può essere pascolato.

Sulle Alpi la fascia altitudinale del bosco di abete rosso (pecceta) è quella superiore alla fascia dei faggeti e inizia quindi intorno ai 1.000 m di quota o poco più. L'espansione di questa vegetazione nella fascia sottostante può essere dovuta a caratteristiche continentali del clima locale ma spesso è dovuta a piantagioni. Sugli Appennini la pecceta è assente, con la sola eccezione di aree limitatissime presso il Passo dell'Abetone e quello del Cerreto, entrambi nell'Appennino settentrionale. Si tratta di una testimonianza di storia naturale, relitti di una fase climatica precedente quella attuale, favorevole all'espansione dei boschi di faggio.

Sulle Alpi, alle quote più elevate, ormai prossime o coincidenti con il limite della vegetazione forestale, diviene sempre più frequente il cembro (*Pinus cembra*).

Di grande importanza per la storia naturale dei luoghi sono alcune formazioni forestali dell'Appennino meridionale e delle montagne insulari, dominate da alberi sempreverdi. Sono poche, piccole formazioni intercalate ai faggeti e ai querceti caducifogli, dominate da agrifoglio (*Ilex aquifolium*), tasso (*Taxus baccata*), bosso (*Buxus sempervirens*) e alloro (*Laurus nobilis*). È un'antica vegetazione mediterraneo-montana, risalente al Terziario, di cui troviamo esempi in Sicilia, sulle Madonie. A questa antichissima vegetazione vanno ricondotte anche le vegetazioni a pino laricio (*Pinus laricio*) della Calabria e dell'Etna e quelle a pino loricato (*Pinus leucodermis*) dell'Appennino meridionale, fino al Pollino, e anche i pochi resti di *Abies nebrodensis*, un abete endemico localizzato nei monti Nebrodi e sulle Madonie.

Il limite altitudinale degli alberi e la vegetazione alpina

Il limite altitudinale degli alberi, sugli Appennini e sulle Prealpi, coincide – in condizioni naturali – con il limite altitudinale dei faggeti, a circa 1.800 m di quota. Sulle Alpi questo limite si innalza anche poco oltre i 2.000 m e coincide con il progressivo diradarsi delle vegetazioni ad aghifoglie.

Il limite altitudinale degli alberi è un importante limite biologico, che separa il mondo adatto alla vegetazione forestale da quello dove la vita dipende prevalentemente dall'adattamento alle basse temperature, alla durata della copertura nevosa e a brevi periodi di attività vegetativa. Questo limite è stato spesso modificato dal disboscamento, per ampliare i pascoli, ma è anche una naturale area di contesa soggetta a oscillazioni naturali, come è documentato dalle variazioni in altitudine della vegetazione forestale succedutesi dal termine della glaciazione würmiana, tra i 15.000 e i 12.000 anni fa, a oggi.

Per gli ecologi vegetali gli ambienti e le vegetazioni esistenti oltre il limite altitudinale appartengono alla fascia della vegetazione alpina, con tipi di vegetazione che variano dai bassi arbusteti a diversi tipi di praterie.

Sulle Alpi, subito sopra il limite degli alberi, la vegetazione naturale è formata da arbusteti a mirtilli blu (*Vaccinium uliginosum* ssp. *microphyllum*). Sulle Alpi centrali e occidentali, dove l'innevamento è prolungato e di ampio spessore, ci sono le condizioni naturali favorevoli ad arbusteti a rododendro (*Rhododendron ferrugineum*). Sulle Alpi orientali, calcaree e dolomitiche, le condizioni ambientali sono favorevoli al pino mugo (*Pinus uncinata*) e al rododendro irsuto (*Rhododendron hirsutum*). Su tutti i versanti soleggiati delle Alpi è diffuso il ginepro nano (*Juniperus nana*). Sull'Appennino settentrionale, gli arbusteti a mirtilli blu e neri (*Vaccinium myrtillus*) sono al limite meridionale della loro distribuzione in Italia e forniscono l'habitat a specie alpine, localmente rare perché ormai al limite estremo della loro distribuzione geografica, come il rododendro.

Il mondo fiorito delle praterie alpine, che inizia sulle Alpi a circa 2.200 m di quota, è noto a tutti gli escursionisti. Qui la vegetazione naturale è formata da praterie dominate da *Carex curvula* e *Festuca halleri* sui suoli acidi delle Alpi centrali e occidentali e da praterie con *Sesleria varia* su suoli calcarei. Sulle più alte montagne appenniniche le praterie di altitudine sono dominate da altre specie, come *Carex sempervirens* e *Sesleria tenuifolia*. Molte praterie sulle Alpi e sugli Appennini hanno caratteri subnaturali, per lo più determinati dal loro uso come pascoli, spesso sovrasfruttati e invasi dall'erba cervina (*Nardus stricta*), sgradita al bestiame domestico.

A chi frequenta le più alte montagne alpine, intorno ai 3.000 m di quota, è riservata la visione della vegetazione nivale, il corrispondente in altitudine della vegetazione artica, fatta di coperture discontinue di muschi e licheni e di pochissime piante a fiore, come il ranuncolo dei ghiacciai (*Ranunculus glacialis*), nelle fessure delle rocce e sui detriti delle morene glaciali. Questo mondo è già dominato da caratteri ostili alla vita.

Le vegetazioni azonali

Le formazioni vegetali finora descritte definiscono ambiti bioclimatici e, complessivamente, costituiscono le vegetazioni zonali delle zone e fasce del territorio italiano.

Nei paesaggi esistono anche habitat a sviluppo prevalentemente lineare o, se estesi, legati a condizioni ecologiche circoscritte e particolarmente selettive per le piante. Si tratta di habitat caratterizzati da stress ecologici, cioè da condizioni che limitano permanentemente la produzione di biomassa. Ne sono esempi gli habitat palustri e acquatici, che circondano le acque correnti o ferme, gli habitat delle sabbie e dei suoli salati. Questi ambienti, se presenti in un paesaggio, ne sono i gioielli biologici, occupati come sono da poche specie esclusive (stress tolleranti), adattate a particolari condizioni ambientali, largamente indipendenti dal clima e presenti solo in aree limitate. Queste vegetazioni hanno un'amplissima distribuzione geografica: le troviamo, sempre le stesse, in quasi tutte le zone della vegetazione. Molte sono state largamente modificate e distrutte dall'uomo, com'è il caso della vegetazione che accompagna i fiumi e gli ambienti acquatici in generale, vittima delle sistemazioni idrauliche, o quella delle sabbie, vittima dell'uso turistico del suo habitat. Ne sono derivate condizioni di artificialità e d'instabilità ambientale e una loro gestione onerosa. La conservazione di queste vegetazioni è legata oggi alla necessità di difficili interventi di ripristino ambientale. Un problema prioritario in Italia, come in tutti i paesi industrializzati.

4. *Lo studio territoriale della vegetazione: la fitosociologia*

Un notevole contributo alla descrizione della diversità ambientale mediante la descrizione della diversità territoriale della vegetazione è fornita dagli scienziati della scuola fitosociologica, inaugurata dallo svizzero Josias Braun-Blanquet (1884-1980) intorno alla prima metà del secolo scorso. Le idee centrali di questa scienza sono descritte nell'opera *Pflanzensoziologie*, la cui prima edizione è del 1928.

L'idea centrale dell'approccio di Braun-Blanquet è che le fitocenosi sono identificabili – in prima approssimazione – sulla base della copertura di specie dominanti. Le specie vegetali da considerare sono quelle che caratterizzano i sistemi terrestri e che rientrano negli ambiti dei licheni, dei muschi, delle pteridofite (felci, equiseti, licopodi), Gimnosperme e Angiosperme. Le distribuzioni spaziali delle popolazioni di questi vegetali conferiscono alle differenti fitocenosi un'apparente omogeneità, che il campionamento consentirà di verificare. I campioni delle fitocenosi (*rilievi fitosociologici*) vengono ottenuti con una procedura cumulativa che inizia con l'annotazione delle specie presenti in una piccola area centrale e prosegue con l'annotazione delle specie che si aggiungono raddoppiando l'area, secondo una progressione geometrica. Il campione della fitocenosi è completo quando non si aggiungono altre specie. Ripetendo il campionamento in altre fitocenosi che si ritengono simili alla prima si raccolgono vari rilievi fitosociologici. Il confronto della loro composizione in specie vegetali permette di identificare (o meno) l'unità elementare della vegetazione cui le fitocenosi appartengono come stati di uno stesso sistema. Braun-Blanquet chiamò questa unità elementare *associazione vegetale* e la definì come «un aggruppamento vegetale più o meno stabile e in equilibrio con il mezzo ambiente, in cui certi elementi esclusivi o quasi (specie caratteristiche di associazione) rivelano con la loro presenza un'ecologia particolare e autonoma». Si deve allo stesso Braun-Blanquet l'elaborazione di un sistema gerarchico che, avendo come unità di base l'associazione vegetale, è formato da tipi corrispondenti a più ampi livelli descrittivi, per composizione in specie e ambiti ecologici. Associazioni simili per composizione specifica formano alleanze, alleanze simili gli ordini e questi le classi di vegetazione. Questo sistema gerarchico consente l'uso della vegetazione come descrittore ambientale a differenti livelli di scala.

Nella seconda metà del secolo scorso, l'approccio di Braun-Blanquet ha ricevuto un apporto scientifico decisivo dall'uso di numerosi metodi di analisi multivariata, resi possibili dal contemporaneo sviluppo di strumenti informatici, hardware e software, e dall'impegno di ricercatori prevalentemente europei e nordamericani. Tra essi occorre ricordare il tedesco Heinz Ellenberg (1913-1997), autore di un celebre indice ecologico che porta il suo nome e che prende in considerazione sei parametri ambientali (luce, temperatura, continentalità, umidità, acidità, ricchezza di nutrienti del suolo) determinati esaminando oltre 2.000 specie vegetali dell'Europa centrale, e l'olandese Eddy van der Maarel, cui si deve l'apporto di metodi quantitativi nella costruzione del sistema fitosociologico e il chiarimento delle sue basi teoriche.

Si può ricordare che Forman e Godron, autori di quella *Landscape Ecology* [1986] che viene considerata come l'atto di nascita della moderna ecologia del paesaggio, perfezionarono le idee sul paesaggio come sistema eterogeneo durante un soggiorno di studio nel Centro di studi fitosociologici ed ecologici di Montpellier, fondato e gestito da Braun-Blanquet, riconoscendo subito il valore centrale della vegetazione, nei suoi diversi stati, come descrittore dell'eterogeneità ambientale a scala vasta.

Nella descrizione di un paesaggio la distribuzione dei tipi di vegetazione può essere utilizzata per fornire un'immagine della sua diversità ambientale. Per questo scopo si possono realizzare *carte della vegetazione*. Ogni carta della vegetazione è definibile come «un documento geografico che, a una data scala e per un dato territorio, riproduce le estensioni di tipi di vegetazione definiti per mezzo di qualità proprie della copertura vegetale e dei quali si indicano la denominazione, i contenuti e il metodo utilizzato per individuarli» [Pirola 1978].

Il dettaglio della descrizione dipende dalla scala utilizzata. Se ci riferiamo a paesaggi geografici, con scale a elevato dettaglio (1:5.000 o maggiori) si possono cartografare le unità fondamentali della vegetazione, le associazioni vegetali. Per scale a minor dettaglio (1:10.000 o minori), il sistema gerarchico di classificazione dei tipi di vegetazione, basato su similitudini nella composizione in specie, fornisce la possibilità di usare – secondo la scala – alleanze (insiemi di associazioni simili), ordini (alleanze simili) e classi (ordini simili). Con questo approccio si possono realizzare documenti cartografici, che definiscono gli habitat del paesaggio a varie scale (da quella del topolino a quella dell'elefante) e che sono utilizzabili per evidenziare correlazioni con altri temi ambientali.

Le carte della vegetazione costituiscono un mezzo privilegiato per l'interpretazione del valore biologico di un territorio. Con la rappresentazione spaziale dei tipi di vegetazione viene descritta l'estensione spaziale degli effetti dei fattori ambientali sulla distribuzione delle specie vegetali. Le carte della vegetazione documentano inoltre i processi in atto, gli impatti antropici e gli effetti dei processi sociali (cioè dei differenti tipi di intervento antropico a seconda delle differenti condizioni socioeconomiche) avvenuti nel corso dei secoli. Le carte della vegetazione possono poi essere sovrapposte ad altre carte tematiche, ottenendo carte correlative utili a Piani paesistici, Piani regolatori e alle più diverse finalità di gestione del territorio, o contribuire alla redazione di carte delle unità ambientali che costituiscono una base di riferimento per la successiva elaborazione di carte della zonizzazione.

I tipi di vegetazione, come ogni singola fitocenosi, contengono gli habitat, non solo per le specie vegetali che li formano, ma anche per le altre componenti degli ecosistemi, ognuna al proprio livello di uso dello spazio e delle risorse disponibili, in breve «al proprio livello di scala». È significativo a questo proposito, che i tipi fitosociologici della vegetazione siano stati assunti dalla Comunità europea, con la Direttiva 92/43, meglio nota come Direttiva Habitat, come criterio di descrizione degli *Habitat di interesse comunitario*, cioè degli habitat di elevato valore per la conservazione della diversità ambientale e biologica in Europa. Ne deriva che le carte della vegetazione sono oggi lo strumento di base per descrivere la distribuzione degli habitat di un territorio: dalle carte della vegetazione derivano le *carte degli habitat*.

CAPITOLO QUARTO

L'UOMO E IL PAESAGGIO

1. *Il paesaggio che cambia*

Il paesaggio cambia, cambia velocemente e spesso con troppa rapidità. Il quadro di fondo che la Natura fornisce è modificato da fattori biotici, abiotici e dall'opera dell'uomo.

L'uomo vive del paesaggio e quindi non può non modificarlo. L'uomo ha da sempre modellato lo spazio a propria disposizione condizionandone l'evoluzione e determinando la qualità di tali trasformazioni. Esistono dunque ben pochi paesaggi che non portino l'orma contemporanea, o storica ma persistente, dell'azione umana. La costante relazione dell'uomo con il paesaggio è resa visibile dalle tante tracce che l'uomo ha lasciato al suo passaggio e che diventano più numerose e sempre più facilmente interpretabili mano a mano che ci si avvicina al presente. In tal modo è possibile leggere il paesaggio anche attraverso i segni che si sono depositati nel tempo sia come impostazione strutturale sia come qualità delle componenti, e i cui effetti costituiscono il contenuto *artificiale* dei paesaggi. Ancora oggi, ad esempio, in alcune zone d'Italia (Emilia-Romagna, Veneto, Campania, ad esempio) l'impostazione del paesaggio della pianura è fortemente influenzata dalla centuriazione (*centuriatio* o *limitatio*), la forma di divisione agraria prevalente, anche se non l'unica, attuata in epoca romana, che risulta leggibile nello spazio paesaggio per la distribuzione ordinata di strade e canali.

Le azioni dell'uomo, che hanno un'efficace traduzione in cambiamenti di uso del suolo, spesso a fini edificativi o come conseguenza dell'introduzione di nuove coltivazioni, hanno sempre avuto lo scopo di forzare, indirizzare o reindirizzare lo sviluppo naturale del paesaggio così da renderlo più consono alle necessità e ai bisogni di un preciso momento delle storie umane. L'imporsi di nuovi modi di produzione ha, in particolare, comportato di volta in volta dismissioni e riutilizzi in forme diverse di spazi e strutture territoriali con conseguenti trasformazioni del paesaggio. Le montagne, valli, pianure o le coste rappresentano spesso solo le quinte di queste trasformazioni.

La scala (o ampiezza) e l'intensità dei cambiamenti sono ovviamente da sempre dipese dalle costrizioni sociali, dalle possibilità offerte dalla tecnologia e dalle disponibilità finanziarie. A questi aspetti vanno sicuramente aggiunti i fattori culturali, quali promotori della diffusione delle innovazioni, oltre ai cambiamenti demografici ed economici. Più ci si avvicina al presente più le trasformazioni sono state intense e a scala vasta riguardando spesso tutte le componenti del sistema Terra. L'uomo è diventato progressivamente la forza ecologica prevalente del pianeta Terra. Questa considerazione ha portato Eugene F. Stoermer, negli anni '80 del secolo scorso, a proporre di chiamare *Antropocene* il periodo attuale di storia della Terra, caratterizzato da condizioni ambientali globalmente modificate dall'uomo. *Antropocene* è un termine pregnante in quanto porta racchiuso nel suo significato tutte le problematicità indotte dall'uomo e che riguardano i cambiamenti climatici, l'inquinamento delle matrici ambientali (terra, acqua, aria) e la perdita di biodiversità. Quest'ultima passa attraverso la degradazione, riduzione e frammentazione degli habitat (come conseguenza di determinati cambiamenti nell'uso del suolo) e l'introduzione (volontaria o involontaria) di specie, che una volta raggiunti i nuovi territori possono entrare in competizione per habitat o risorse con quelle presenti, modificando i sistemi ambientali.

Il paesaggio appare dunque come un *ensemble* di usi del suolo che testimoniano l'azione costruttrice (e spesso distruttrice) dell'uomo e l'intensità di tale azione e su cui possono agire in maniera sinergica i cambiamenti climatici e le varie forme di inquinamento. Sul territorio è possibile riconoscere differenti tipi di paesaggio che si caratterizzano per una differente commistione e frequenza di elementi naturali ed elementi più o meno modificati dall'uomo a cui si contrappongono i paesaggi costruiti – rurali, suburbani, urbani-industriali [Naveh e Lieberman 1984] –, dove l'impronta dell'uomo si esprime direttamente attraverso la geometrizzazione delle forme. Una delle conseguenze della maggiore influenza antropica sul territorio è la progressiva perdita di autoregolazione dei sistemi che costituiscono il paesaggio e del paesaggio stesso, cui conseguono maggiori interventi di gestione. I paesaggi dominati da artefatti industriali e dalle attività umane, definiti paesaggi *tecno*, sono quelli che, in termini assoluti, hanno maggiori richieste energetiche esterne e di gestione [Haber 1990].

2. *Il paesaggio rurale*

Nelle lastre scolpite da Wiligelmo per il Duomo di Modena, Adamo ed Eva, esiliati dal giardino dell'Eden, sono raffigurati mentre dissodano la terra, accomunati dal duro e quotidiano lavoro dell'agricoltore. Uomini e donne furono protagonisti della lenta scoperta dell'agricoltura, fondamento di quella *rivoluzione neolitica* che ha accelerato i tempi della storia umana.

In questo cambiamento la coltivazione delle piante ebbe un ruolo centrale. È stato un cammino plurimillenario, che si è compiuto attraverso uomini e donne sconosciuti, che per primi pensarono di coltivare le piante utili, per frutti, semi e foglie, invece di continuare a raccoglierle dove crescevano spontaneamente. Nella variabilità di queste piante essi colsero occasioni per aumentarne i benefici e gli usi, isolando combinazioni di caratteri e occasionali ibridazioni. L'incessante variabilità delle piante fa sì che la creazione di varietà coltivate e ibridi per ricavarne un utile sia un'impresa senza fine. A questo si accompagna il trasporto di piante utili dalle regioni geografiche di origine (e di prima coltivazione) ad altre adatte per caratteri di clima e di suolo.

Il paesaggio rurale rappresenta l'insieme delle forme impresse dall'uomo nel corso del tempo al paesaggio naturale per i fini dell'agricoltura. Che il paesaggio agrario sia un'opera dell'uomo emerge con estrema forza nella lingua tedesca dove il contadino (*Bauer*) è il protagonista del *bauen*, del «costruire il suolo». Un esempio estremo di costruzione umana è quello delle *bonifiche agrarie*. Soprattutto dal XVIII secolo fino a pochi decenni fa, le grandi opere di bonifica idraulica hanno generato, su vasta scala, paesaggi centrati sull'uso agricolo del territorio. A questo paesaggio si riferisce l'osservazione di Carlo Cattaneo [1844], che descrisse la pianura padana come «tutta smossa e quasi rifatta dalle nostre mani; sicché il botanico si lagna dell'agricoltura, che trasfigurò ogni vestigio della vegetazione primitiva». Ultime in termini di tempo sono le bonifiche avvenute tra il 1926 e il 1937 che hanno determinato il prosciugamento di 300.000 ha di suolo sotto la spinta della cd. *Battaglia del grano*, tesa a rendere l'Italia autosufficiente.

Un esempio di adattamento alle condizioni ambientali difficili per risolvere il problema alimentare sono i terrazzamenti volti a realizzare superfici coltivabili in terreni acclivi.

Le esigenze agricole (oltre a quelle produttive) hanno spesso portato a estesi fenomeni di *deforestazione*. Questo fenomeno ha interessato in passato l'Europa e il Nord America e, nel paesaggio italiano, ha portato alla sostituzione quasi completa dei boschi con colture agrarie e prative nelle aree di pianura e di fondovalle e a una sostituzione parziale sui versanti delle montagne, con la creazione di pascoli e radure forestali. La foresta mediterranea ha lasciato il posto a macchie e a praterie aride, alcune delle quali sono state ottenute con il fuoco e in parte si mantengono con gli incendi controllati. In tempi relativamente recenti, la deforestazione si è estesa alla fascia tropicale e subtropicale, stimolata dalle richieste del mercato internazionale di legname di pregio a cui si accompagna la fame di terre coltivabili e per l'allevamento del bestiame da parte delle popolazioni locali. Le condizioni climatiche delle zone tropicali e subtropicali determinano, però, una rapida perdita di fertilità del suolo e conducono, spesso, alla desertificazione. La riduzione delle aree forestate è considerata la principale causa di perdita di biodiversità nonché la prima imputata per l'alterazione climatica legata all'aumento dell'anidride carbonica. Le aree forestate sono considerate immensi *sink* di carbonio, in grado di regolarne il flusso nel complesso ciclo globale.

L'azione dell'uomo sul paesaggio ha portato anche alla creazione di formazioni vegetali secondarie come molte praterie, che consentono l'esistenza di una biodiversità animale e vegetale (i cosiddetti *habitat seminaturali*), mantenuta attraverso periodici interventi di gestione che comprendono lo sfalcio, la concimazione e il pascolo non intensivi. In Italia, gli habitat seminaturali maggiormente diffusi in ambito collinare e montano sono le praterie ad *Arrhenatherum elatius* (arrenatereti), a *Trisetaria flavescens* (triseteti) e a *Bromus erectus* (brometi) – in Appennino – di elevato valore conservazionistico oltre che estetico percettivo per le fioriture che li caratterizzano.

Nel corso dei secoli sono stati costruiti differenti paesaggi rurali in base alle differenti caratteristiche geografiche e ambientali, della storia del territorio, dell'assetto proprietario, del grado di meccanizzazione agraria. In maniera molto schematica i paesaggi agrari in Italia possono essere ricondotti ad alcuni modelli: ad esempio, il modello «planiziale» a campi aperti della pianura padana dominato da vasti campi, spesso con aree industrializzate; quello «collinare» a campi e vigneti, talvolta terrazzato, con paesi e campi frammisti ad aree artigianali; l'«agricolo-rurale» di fondovalle; il «montano-pastorale aperto» degli Appennini con ampi prati-pascolo e boschi residuali [Ingegnoli e Giglio 2005].

3. *Accessibilità e sviluppo delle infrastrutture*

L'*accessibilità* può essere considerata il più importante fra i *driver* di trasformazione del paesaggio legato all'uomo in quanto è una caratteristica intrinseca dei luoghi che ne condiziona la selezione, la specializzazione funzionale (mercato, posto difensivo), la crescita, lo sviluppo e la valenza (economica o politica). Dove l'accessibilità è buona, generalmente l'azione trasformante dell'uomo è più intensa, dove è invece ridotta o assente si mantengono paesaggi naturali o avvengono fenomeni di abbandono anche molto estesi. Le condizioni di accessibilità possono essere tuttavia migliorate e divenire promotrici di trasformazioni più o meno estese. Questo è dovuto principalmente alla presenza di infrastrutture viarie, nate con l'uomo e per l'uomo. Le ferrovie, presenti dal XIX secolo, hanno ad esempio portato alla scoperta selettiva della campagna o favorito lo sviluppo di determinati centri urbani e dei loro dintorni.

Dopo la Seconda guerra mondiale, l'affermarsi dell'automobile come mezzo di locomozione, con la conseguente formazione di una rete autostradale e di una capillare rete dei trasporti, è stata causa ed effetto di un modello di sviluppo in cui predomina la facilità del movimento, favorito talvolta dalla convenienza economica del pendolarismo. Ciò ha reso possibile la separazione degli spazi per le differenti attività dell'uomo, anche se con elevati consumi energetici e immissioni inquinanti in atmosfera e nel suolo [European Commission 2006].

Questo fenomeno ha portato anche alla creazione di zone residenziali discontinue, a bassa densità abitativa e distanti dalla città. L'aumento di tali aree è conseguente alla preferenza, soprattutto di alcune fasce di popolazione, per residenze in zone distanti dalla città e con un maggiore spazio individuale disponibile. Al contrario dello schema organizzativo che caratterizza le aree metropolitane, questo tipo di tessuto urbano non presenta connessioni con la rete dei trasporti pubblici, con conseguente incremento delle criticità ambientali connesse all'elevato ricorso al trasporto motorizzato su gomma.

4. *Il paesaggio urbano*

Il paesaggio urbano rappresenta la massima antropizzazione del paesaggio, dove la geometrizzazione e razionalizzazione delle forme raggiunge la sua più estrema espressione. L'urbano è caratterizzato da una matrice formata da quartieri che sono un'integrazione di strade e *city block*, a cui si aggiungono aree a verde disperse. La differente disposizione spaziale dei quartieri ne definisce il carattere o il retaggio storico. I quartieri possono avere una disposizione radiale rispetto a un centro urbano, costituire un mosaico asimmetrico che circonda uno o più nuclei centrali, mantenere o riprodurre la struttura *a maglia quadrata* di impostazione romana o essere dislocati nell'area bassa del mercato rispetto a una cittadella fortificata, l'*oppidum* [Forman e Godron 1986; Ingegnoli e Giglio 2005].

In ambito europeo, inizialmente solo pochi nuclei urbani hanno assunto il ruolo di vere e proprie città. Si sono sviluppati due principali tipi di centro urbano: una città principale che domina un vasto entroterra (Parigi, Londra, Lisbona) e gruppi di città posti a relativa breve distanza (Italia del Nord). Le vicende storiche ci mostrano che le città si sono dapprima fisicamente separate dalle aree circostanti con mura difensive. A partire dal XVIII secolo le mura sono state progressivamente abbattute e gli agglomerati urbani hanno cominciato a diffondersi nel territorio circostante, mentre le reti di connessione e di commercio si sono intensificate e sono divenute sempre più dense. A partire dal XX secolo, il nucleo urbano primitivo si espande rapidamente, scomponendosi perifericamente fino a formare (come nel caso delle città lungo la via Emilia o quelle lungo l'Adriatico) un territorio urbanizzato continuo che oltrepassa i confini amministrativi.

Nei paesaggi urbani attuali, la frangia urbana ha un ruolo cruciale. L'area periurbana (*paesaggio suburbano*) appare come una regione di transizione interposta tra due ambienti definiti: la città e il territorio che la accoglie. È caratterizzata da un complesso mosaico di elementi urbani (aree residenziali, centri commerciali ecc.) e rurali dove la delimitazione tra i differenti ambiti diviene difficile, per le complesse interrelazioni che intercorrono. La frangia urbana più interna contiene una complessa mescolanza di elementi rurali e urbani, con molti spazi aperti tra le zone edificate; la frangia urbana più esterna ha l'apparenza di area rurale, ma contiene numerose funzioni non più rurali. Per identificare questa zona, generata dalla dissoluzione dei margini urbani, dove è il movimento a caratterizzare lo spazio, può essere applicato il termine di «non luogo» [Augé 2009].

La crescita delle città è stata guidata dall'aumentare della popolazione residente, avvenuto con il concomitante sviluppo dell'industria e del commercio dentro e intorno alle città, oltre che da aspetti sanitari e di riduzione della mortalità, ma è stata accelerata dalla presenza di infrastrutture e dalla maggiore mobilità delle persone. La congestione all'interno dei limiti urbani ha portato al riversarsi della popolazione nelle aree periferiche, seguendo principalmente le strade di accesso. Lo sviluppo periurbano è stato favorito dal vantaggio economico di destinare a usi non agricoli i terreni rurali e dalla diminuzione qualitativa delle aree agricole al margine del costruito. Queste trasformazioni hanno profondamente modificato il rapporto tra urbano e rurale: un tempo le città erano circondate da un vasto entroterra, ora le aree rurali sono disperse nella fascia marginale dell'urbano; un tempo le aree rurali erano vitali per la sussistenza delle città, ora le città sono vitali per la sussistenza delle aree rurali. Tuttavia, quando l'area suburbana diviene totalmente costruita e aumenta il traffico, molti dei valori iniziali che hanno attratto le persone sono persi e vengono cercati nuovi insediamenti in aree distanti, purché con un buon grado di accessibilità. Quando si verifica una congestione, vengono costruite autostrade, che stimolano a loro volta lo sviluppo di margini delle città caratterizzati dalla presenza di nuove attività commerciali e industriali [Antrop 2004; 2005].

Il modello di sviluppo attuale del territorio urbanizzato è dunque quello di una rete di centri dai limiti diffusi lungo le linee di flusso. La direzione di propagazione del fenomeno e la sua intensità sono condizionate dalle caratteristiche fisiche dei luoghi e dalle reti di comunicazione.

L'Agenzia Europea per l'Ambiente [European Commission 2006] ha definito *urban sprawl* l'espansione urbana non pianificata nel territorio circostante (in particolare nelle aree agricole) mediante aree edificate disperse e disorganizzate, a bassa densità abitativa. Il concetto di *sprawl* sottende anche tutti quei processi che i centri urbani inducono nel territorio circostante, quali la trasformazione dell'ambiente naturale e rurale in urbano o industriale. Lo *sprawl* assume caratteri spaziali propri, opposti a quelli tipici di una città compatta, che consentono di analizzare il fenomeno sia come pattern, osservando la configurazione di un territorio senza valutarne l'aspetto temporale, sia come processo, analizzando la dinamica degli usi del suolo [Galster *et al.* 2001; Bhatta, Saraswati e Bandyopadhyay 2010].

Il processo di diffusione insediativa – e principalmente la frammentazione, dovuta allo sviluppo di infrastrutture lineari e di aree edificate – ha importanti conseguenze sul paesaggio, e provoca nei sistemi ambientali disturbi elevati (di natura sia strutturale sia funzionale), aggravati dagli stress dovuti all'inquinamento, che si traducono in un progressivo degrado territoriale e in un aumento della fragilità dei sistemi ambientali. Molteplici sono gli effetti negativi, alcuni dei quali di particolare rilevanza.

Notevoli sono gli effetti sul clima e sugli assetti idrogeologici. Le città sono isole di calore con temperature medie annue di alcuni gradi più elevate rispetto alle aree circostanti, dovute principalmente al cemento e agli altri materiali edilizi e ai veicoli a motore. Ne derivano un innalzamento della temperatura e l'estremizzazione degli scambi termici. La destrutturazione del tessuto insediativo porta a una maggiore impermeabilizzazione del suolo (*soil sealing*) rispetto a una forma di espansione urbana compatta. L'impermeabilizzazione causa la perdita delle numerose funzionalità di una risorsa non rinnovabile – il suolo – in relazione alla dimensione temporale umana. Tale fenomeno provoca un aumento della velocità di scorrimento delle acque con conseguente incremento dell'erosione e l'annullamento dell'effetto filtro e tampone nei confronti degli inquinanti. Inoltre, a causa della mancata infiltrazione di acqua nel sottosuolo non si verifica la ricarica delle falde acquifere, mentre diminuisce il tempo di corrivazione, con conseguente incremento del rischio di inondazioni e alluvioni. Il drenaggio superficiale trasporta inquinanti e sedimenti nei fiumi o nei bacini di raccolta, con danneggiamento degli habitat acquatici.

Le comunità biotiche subiscono rilevanti banalizzazioni, con conseguente perdita della loro resilienza. L'urbanizzazione costiera, che ha avvolto con un cordone di cemento i litorali, ha causato profonde trasformazioni nelle coste sabbiose e la distruzione della relativa vegetazione specializzata, che ora ha carattere di vero e proprio relitto.

Gli elevati costi ambientali connessi alle nuove modalità di organizzazione dello spazio rendono perciò necessario approfondire la conoscenza del fenomeno, definendo metodi di analisi spaziale che guidino le scelte decisionali e gestionali [Lelli, Ferrari e Pezzi 2012].

Le aree «a verde» (quali verde storico, attrezzato, privato di protezione, biotopi urbani e incolti) hanno un ruolo fondamentale nel paesaggio urbano attuale per la loro forte valenza estetico-percettivo-sociale, per la mitigazione del mesoclima urbano e per l'aumento della biodiversità in un contesto fortemente depauperato sotto questo aspetto.

A queste aree vanno sicuramente aggiunti i tetti verdi e gli orti urbani. In Italia, oltre alla parentesi bellica, la creazione di orti urbani ha avuto origine da iniziative individuali, disorganiche (a volte abusive), mal tollerate o apertamente disprezzate e osteggiate dagli abitanti dei quartieri in cui insistono. Tali orti, nati a ridosso delle città, sono stati a lungo considerati antiestetici, luoghi da destinare solo al tempo libero degli anziani e comunque retaggio di una dimensione di paese. Attualmente tali spazi coltivabili all'interno del tessuto urbano costituiscono un luogo di incontro e di condivisione fra persone diverse nonché una quasi necessità in un contesto di grave crisi economica.

Verde storico, attrezzato, privato di protezione, biotopi urbani e incolti concorrono a determinare la diversità vegetale del paesaggio urbano, ma c'è una diversità più nascosta e non meno significativa dal punto di vista ambientale. Il paesaggio urbano offre una molteplicità di nicchie (le mura delle città, i tetti delle case) per specie in particolare ubiquiste e adatte ad ambienti disturbati.

5. *Paesaggi dell'abbandono*

L'incessante cambiamento dell'uso del territorio da parte delle società umane produce una diversità ambientale dove accanto a sistemi «in uso» possono esistere in un paesaggio sistemi «in abbandono» o addirittura interi paesaggi dell'abbandono. Ogni fase della storia umana è stata caratterizzata dai propri paesaggi dell'abbandono.

La montagna, l'alta collina e la frangia periurbana sono attualmente gli ambiti preferenziali dove si osservano i più marcati fenomeni di abbandono, veri e propri paesaggi dell'abbandono.

Lo spopolamento, con il conseguente forte declino delle attività agro-silvo-pastorali per le mutate condizioni socioeconomiche, ha spesso determinato una riduzione o cessazione delle attività umane nell'alta collina e nella montagna, inducendo nella vegetazione consistenti trasformazioni, fino a una scomparsa per sostituzione con altre tipologie. L'abbandono delle aree agricole ha portato spesso alla ricostruzione spontanea del bosco (boschi di neoformazione), per diffusione di specie colonizzatrici (arboree e arbustive) che provengono da ambienti limitrofi.

In ambito collinare e submontano una delle modificazioni più importanti riguarda i castagneti da frutto, storicamente creati e mantenuti su larga scala per usi economici, che hanno condizionato lo stile e i ritmi di vita delle popolazioni dipendenti dalla loro coltivazione. La castanicoltura da tempi remoti, nelle colline e nelle medie quote degli Appennini e delle Prealpi, ha occupato molti spazi ambientali a spese dei querceti e di vari tipi di boschi caducifogli:

> Il castagno è stata una delle poche piante che ha fatto la storia delle nostre colline e delle nostre montagne. Ha creato una vastissima letteratura scientifica. Ha attratto letterati e poeti. Ha contribuito, per molti secoli, al sostentamento della vita delle genti più povere tratte in alto, lontane dalle pianure allagate. Ha aiutato i contadini nel lavoro dei campi fornendo loro i primi mezzi rustici. Ha partecipato in larga misura alla costruzione delle loro, e non solo loro, case e delle modeste suppellettili; li ha scaldati dai rigori dell'inverno. Ha alimentato [...] le prime industrie del ferro e del tannino. Si può dunque parlare e a buon motivo, di una civiltà del castagno che non è stata solo contadina ma protoindustriale [Gabrielli 1994].

Con la metà del XX secolo, per la concomitanza di fenomeni demografici e della diffusione del cancro della corteccia dovuto all'ascomicete *Cryphonectria parasitica*, si è avuto il più recente declino dei castagneti da frutto che sono stati in massima parte o abbandonati o trasformati in boschi cedui. La spontanea diffusione delle forme ipovirulente della malattia, che sono diventate ormai predominanti ovunque [Turchetti, Ferretti e Maresi 2008], ha però consentito la sopravvivenza delle piante e la loro ripresa vegetativa, permettendo di conseguenza anche il recupero della castanicoltura. Questa ripresa ha interessato maggiormente gli impianti a «marrone», visto l'elevato valore commerciale del prodotto, ma non ha coinvolto se non in minima parte i castagneti «da farina», che sono attualmente i protagonisti del paesaggio dell'abbandono che caratterizza ormai ampie zone della montagna appenninica e alpina. Il recente arrivo di un nuovo insetto invasivo, *Dryocosmus kuriphilus* (la vespa cinese), ha aperto nuovi scenari preoccupanti per il futuro della castanicoltura e in generale del paesaggio e della cultura-coltura del castagno [Graziosi e Santi 2008].

Non meno evidenti sono le trasformazioni in corso in molti paesaggi industriali – produttivi e di trasformazione – quali gli insediamenti siderurgici e petrolchimici. Questi aree hanno avuto in un recente passato un ruolo chiave nello strutturare intorno a sé la crescita delle città e le dinamiche delle popolazioni locali. La profonda ristrutturazione dei sistemi produttivi, verificatisi dagli anni '70 del secolo scorso anche in Italia, ha determinato la perdita della loro funzione originaria e profonde crisi di identità in società modulate dalla monocoltura della produzione. Tali relitti industriali si trovano ora inclusi in un territorio urbanizzato e si presentano come paesaggio di rovine. Emerge quindi la priorità di rigenerare tali paesaggi con opportuni piani di riqualificazione (urbana e territoriale), di risanamento e di rideterminazione degli spazi fruibili. La sperimentazione nella Ruhr ne costituisce un esempio significativo. Il recupero dell'area industriale della Bicocca a Milano, destinata tra l'altro a sede universitaria, è un esempio in ambito italiano.

Non rari (quasi abituali in Italia) sono i paesaggi dell'abbandono associati all'attività mineraria. Molte sono le ragioni che lo determinano: l'impoverirsi della miniera, il deprezzamento del materiale estratto, l'eccessivo costo di estrazione (ad esempio in rapporto alle necessarie forniture di energia elettrica). Il problema, come sempre, ha un duplice risvolto: alla perdita del lavoro per gli addetti fa riscontro l'abbandono del paesaggio circostante, primitivamente strutturato in funzione dell'attività mineraria – e perciò con uno specifico tipo di degrado ambientale – che può e deve essere riconvertito.

Nell'Iglesiente l'attività mineraria aveva modellato il paesaggio (con villaggi operai, pozzi di estrazione, gallerie, impianti industriali, ferrovie) e insieme la cultura delle popolazioni legate alla miniera. Di particolare rilievo è l'area delle vecchie concessioni minerarie di Montevecchio, che occupa un vasto territorio incluso fra i comuni di Arbus e Guspini. Ivi sorge il borgo di Montevecchio, oggi abitato solo da qualche centinaio di abitanti. Esso rappresenta la testimonianza di quella che fu la vita della miniera fra laverie, pozzi, magazzini, alloggi dei minatori e degli impiegati. Attualmente la miniera di Montevecchio, insieme ad altri sette siti minerari, è parte del Parco Geominerario Storico e Ambientale della Sardegna, riconosciuto dall'UNESCO e incluso nella rete mondiale dei Geositi/Geoparchi.

Anche per i paesaggi legati ad alcune reti infrastrutturali viarie si pone il problema dell'abbandono. È il caso delle vie storiche, di tratte ferroviarie dismesse, di tratturi e mulattiere cadute in disuso, che perdendo di interesse comportano il rimodellamento funzionale del territorio attraversato. Ne è testimonianza ad esempio la *via dei remi*, una strada deputata al trasporto, dall'alto Appennino modenese alla Toscana, di tronchi per la costruzione dei remi e degli alberi maestri delle galere, e utilizzata approssimativamente tra il XVI e il XVII secolo, attualmente rivisitata come itinerario didattico-escursionistico.

Trovano qui logica collocazione, in quanto antropogeni come i paesaggi dell'abbandono, i paesaggi postbellici (campi di battaglia, areee di esperimenti), assimilabili agli effetti di catastrofi naturali. La loro entità dipende dalla tecnologia e dalle tecniche belliche impiegate. La guerra convenzionale di posizione ha lasciato una profonda trasformazione ambientale nei campi di battaglia (trincee, crateri di bombe e mine), che in molti luoghi (per es. nelle Dolomiti) si tende a recuperare per memoria storica. Diverso il caso della guerra chimica (Vietnam) ma soprattutto di quella atomica (Hiroshima e Nagasaki, deserto del Nevada, atollo di Bikini), in cui le trasformazioni indotte sono profonde e protratte, a molti livelli di scala.

6. *Paesaggio percepito e paesaggio culturale*

È attraverso la percezione che la maggior parte delle persone fa esperienza del paesaggio. Vista e udito sono gli organi di senso con cui preferenzialmente l'uomo si interfaccia con il paesaggio che lo circonda e in cui vive. Da questi deriva la nostra *estetica*, in cui hanno un ruolo centrale le arti figurative e la musica. Si può osservare che *estetica*, passando attraverso la lingua latina (*aestetica*), deriva dal greco antico *aistetikòs*, «sensibile», che a sua volta deriva dal verbo *aisthànomai*, percepisco, sento per mezzo dei sensi.

L'atto percettivo è un processo cognitivo attraverso il quale l'uomo raccoglie dall'ambiente una varietà di informazioni per poi classificarle, confrontarle, immagazzinarle, valutarle e infine utilizzarle a livello mentale e comportamentale. Ogni esperienza percettiva si lega strettamente alle conoscenze pregresse, ai ricordi e alle credenze sul mondo. L'attenzione è catturata dall'oggetto, il cervello ne riconosce la forma e le qualità, ne analizza la similitudine con gli elementi in memoria e infine lo giudica in modo critico. Non solo ciò che percepiamo, ma anche «come» percepiamo diviene ciò che sappiamo. Ciò che reputiamo bello e comprensibile è anche buono e desiderabile [Eysenck e Keane 2012].

Dall'udito deriva il *paesaggio sonoro*, ovvero l'insieme dei suoni che provengono dall'ambiente che sono specifici di ciascun ambiente naturale o più o meno modificato dall'uomo. L'inquinamento acustico, ad esempio, prodotto dai rumori derivanti dalle attività umane riduce la possibilità di percepire i suoni di origine naturale e confonde l'ambiente sonoro. La qualità sonora ha forti implicazioni sulla valutazione di un paesaggio ed è un aspetto cruciale in fase di progettazione, soprattutto urbana.

Il *paesaggio osservato* è il modo umano di percepire l'ambiente attraverso la vista e da questo ne discendono l'apprezzamento e il senso di appartenenza ai luoghi [Farina, Bogaert e Schipania 2005]. In molti casi l'apprezzamento di un paesaggio dipende dai ricordi e dalle esperienze dell'età infantile. I filtri culturali modificano inevitabilmente il significato che si attribuisce alla percezione. Come osservò lo scrittore norvegese Knut Hamsun, «il luogo da cui vieni è sempre amabile, è patriottismo su piccola scala, è il sentimento di casa». Alla percezione visiva è legata la capacità di apprezzare i valori naturali intrinseci del territorio ma anche gli effetti dell'azione del paesaggio costruito. Si pensi all'espressione di *bel paesaggio* [Sereni 1961] o di *bel paese* usata da Dante Alighieri e Petrarca, quest'ultima poi ripresa nel titolo del libro *Il Bel Paese. Conversazioni sulle bellezze naturali, la geologia e la geografia fisica d'Italia* (1876) dell'abate Antonio Stoppani (1824-1891). Dall'apprezzamento dell'effetto del paesaggio modellato dall'uomo nasce anche il termine di *paesaggio culturale* (*Kulturlandschaft*).

Questa espressione coniuga insieme, in maniera non più dualistica, la storia umana e la storia naturale dei luoghi. I paesaggi culturali sono infatti la risultante dell'interazione delle caratteristiche intrinseche dei luoghi – la loro *natura* – e le forze esterne, di origine umana, che si possono complessivamente identificare con la parola *cultura*. Il paesaggio culturale è il paesaggio naturale modellato da un gruppo culturale. In questo senso, il paesaggio può essere visto anche come lo scenario di una specifica cultura, in cui hanno agito e agiscono generazioni di individui e gruppi di individui, con l'accumulo di un patrimonio che diventa ereditario. Il paesaggio è pertanto permeato dai caratteri della cultura in cui viene prodotto, tanto che riesce sovente del tutto incomprensibile quando travasato in un ambiente culturale diverso.

I paesaggi culturali hanno sostituito quello che Otto Schluter definiva *Urlandschaft* (paesaggio primigenio), ovvero il paesaggio esistente prima che le società umane iniziassero a modificare significativamente i territori. I paesaggi culturali hanno la loro origine, dunque, nella riorganizzazione della struttura spaziale del paesaggio in risposta al cambiamento delle richieste della società e sono l'immagine del modo in cui ogni società usa le risorse del proprio territorio. I paesaggi culturali del passato sono stati definiti tradizionali e sono il risultato di cambiamenti graduali e lunghi periodi di consolidamento, che hanno favorito l'integrazione delle nuove strutture in quelle esistenti. Dall'integrazione tra la diversità ambientale (determinata da specifiche caratteristiche topografiche, flora e fauna) e la diversità delle culture e delle società, accompagnata dai modelli tecnologici, organizzativi e ideologici da loro introdotti, nasce il *genius loci* (lo *spirito del luogo*), da cui consegue l'identità dei luoghi.

L'Europa ha un retaggio storico rilevante cui si coniugano elevate diversità ambientali e bioculturali, che hanno consentito lo sviluppo di numerosi paesaggi tradizionali, ciascuno con peculiari caratteristiche, e che sono parte integrante dell'eredità culturale europea [Antrop 1997; 2005; Council of Europe 2000]. Ciò che distingue la complessità dei caratteri del paesaggio italiano rispetto agli altri paesaggi europei è l'incomparabile patrimonio di paesaggi modellati dall'uomo nel corso dei secoli e la forte stratificazione delle tracce lasciate dai differenti gruppi umani sul territorio. Queste civiltà hanno fornito nel corso del tempo un contributo così ampio di nuove specie, tecniche di coltivazione, costruzioni e manufatti che il paesaggio italiano assume un valore di maggiore rilevanza rispetto agli altri paesaggi europei. Esso costituisce un'eccezionale ricchezza, espressiva della varietà culturale.

Un esempio di paesaggio tradizionale è il *paesaggio della piantata* nella pianura padana. La piantata era una coltura promiscua che alternava seminativi a filari di vite con tutore vivo (l'*arbustum gallicum* dei romani), selezionato in maniera rigorosa ed economicamente funzionale. Il più «classico», citato da numerosi autori latini, era l'*Ulmus minor* (olmo), la cui chioma costituiva un «prato aereo» capace di provvedere alle necessità del bestiame. Il paesaggio della piantata si fondava sulla mezzadria: il proprietario della terra, che di norma viveva in paese, e il capo della famiglia colonica si spartivano all'incirca a metà il raccolto. L'estensione dei poderi era commisurata alla capacità lavorativa dei contadini e alla forza del tiro animale. La quantità dei viveri destinati alla compravendita era proporzionale alle modeste dimensioni dei nuclei urbani. In tal modo esisteva una sorta di legame tra la produzione agricola, la dimensione dei centri abitati e il paesaggio. I cambiamenti socioeconomici e la meccanizzazione agricola hanno segnato il declino della piantata intorno alla metà del XX secolo [Farinelli 2003].

In ambito europeo, le rivoluzioni (industriale e francese), ma soprattutto le guerre mondiali con i relativi periodi postbellici – con il loro portato di cambiamenti socioeconomici, innovazioni tecnologiche ed effetti distruttivi – hanno costituito un punto di rottura con il passato. Velocità, intensità e ampiezza delle trasformazioni caratterizzano i nuovi paesaggi, a cui si aggiungono gli effetti della globalizzazione economica che enfatizza una maggiore rapidità di spostamento di merci e persone anche a grande distanza (le comunicazioni globali) e interrompe la relazione tra la società locale e il proprio territorio. Caratterizza i paesaggi attuali la sovraimposizione di nuovi tipi di paesaggio poveri di identità in quanto caratterizzati da un'omogeneità funzionale, da un incremento dell'urbanizzazione, da soluzioni uniformi e razionali [Antrop 2005].

Nei paesaggi attuali è possibile talvolta riconoscere la persistenza, in frammenti, di paesaggi tradizionali, individuabili dal punto di vista percettivo e corrispondenti a usi economici del territorio non più attuali, la cui presenza non solo ha un elevato valore di documentazione storica, ma spesso consente la conservazione di habitat ormai rari nei territori [Antrop 2000b; Agnoletti 2011].

7. *Le invasioni biologiche*

L'uomo ha trasportato, sin dai tempi più remoti della sua evoluzione culturale, specie vegetali e animali (ma anche funghi e microrganismi) a scopo commerciale o ornamentale (volontariamente) o tramite i viaggi (involontariamente), con i più svariati mezzi di trasporto (navi, aerei o container). Queste specie sono state definite in vari modi: *aliene*, *alloctone*, *esotiche*, *introdotte*, *non indigene*. Si tratta di specie che hanno un'origine differente rispetto all'area geografica nel quale l'uomo le introduce. In questo modo le specie superano le proprie barriere geografiche naturali.

Già con l'agricoltura preindustriale, si ebbero consistenti trasporti di specie vegetali [Donnell e Pickett 1993]. Si pensi al papavero (*Papaver rhoeas*), originario delle regioni mediorientali, che nella sua diffusione – risalente al Neolitico – ha seguito quella dei frumenti. La globalizzazione, con un aumento del commercio e del turismo, ha portato a un incremento dei trasporti di specie e le zone costiere risultano essere quelle maggiormente interessate dal fenomeno. La posizione dell'Italia al centro del Mediterraneo ha favorito l'ingresso di numerose specie, poiché il nostro territorio sin dall'antichità è stato sede di migrazioni e di intensi scambi commerciali [Blasi *et al.* 2007]. Per limitarci alle specie vegetali, si deve innanzitutto ricordare che la maggior parte delle specie, in Italia, è stata introdotta dalle Americhe e dall'Eurasia. Quelle introdotte prima del 1492 (la scoperta dell'America) sono definite Archeofite, mentre Neofite sono quelle introdotte successivamente.

Robinia pseudoacacia (robinia o gaggìa) è un esempio famoso di Neofita. Fu importata dall'America settentrionale in Francia, a scopo ornamentale, sul finire del XVI secolo da Jean Robin, botanico di Enrico IV, re di Francia. La sua diffusione, fin dal XVIII secolo, è stata favorita dall'uomo perché utile al consolidamento di aree in dissesto, come pianta miglioratrice dei terreni poveri, per la palificazione e come elemento delle siepi. È attualmente assai diffusa e spesso invasiva negli ambienti forestali disturbati e ripariali, dove tende a sostituirsi alle specie forestali autoctone.

Le specie aliene, legate all'introduzione da parte dell'uomo, hanno la maggiore concentrazione dove maggiore è l'antropizzazione o il disturbo ambientale. Le città (in particolare, quelle che sono principali mete turistiche o centri di scambi commerciali) sono siti preferenziali in cui molte specie vegetali sono introdotte per la prima volta, spesso a scopo ornamentale.

Alcune specie possono sopravvivere solo in coltivazione. Altre sfuggono dalle colture e germinano non lontano dai siti di provenienza dei semi (*aliene casuali*). Altre (*specie invasive*), infine, si adattano e divengono parte integrante del nuovo territorio riproducendosi, diffondendosi rapidamente su vasti ambiti territoriali ed entrando in competizione per le risorse ambientali o, in alcuni casi, attuando l'ibridazione con le specie naturalmente presenti, le specie autoctone [Richardson *et al.* 2000]. Ne derivano cambiamenti strutturali nei sistemi ambientali e, complessivamente, nella biodiversità.

L'ailanto (*Ailanthus altissima*, «albero che svetta al cielo»), originario di Cina e Molucche, fu introdotto per la prima volta in Europa nel 1743 da Pierre d'Incarville (un gesuita), che inviò alcuni semi al giardino reale delle piante di Parigi. In Europa, l'ailanto era utilizzato, tra l'altro, come alberatura cittadina e in Italia, nell'Ottocento, come pianta nutrice di un baco da seta originario della Cina (*Philosamia cynthia*). L'invasività della specie è legata al suo rapido accrescimento, all'abbondante produzione di semi e a un'elevata capacità di rigenerazione vegetativa (capacità pollonifera), che la favoriscono in ambienti aperti e disturbati dall'impatto umano. La resistenza a siccità prolungate e all'inquinamento urbano e l'azione allelopatica delle radici che inibisce la germinazione di altre specie sono altri caratteri che ne facilitano la diffusione. L'ailanto colonizza, in genere, aree marginali, ruderali o fortemente disturbate ed è molto diffuso in prossimità dei centri urbani [Arnaboldi, Conedera e Fonti 2003].

In Italia, gli ambienti umidi, le acque interne, gli habitat ripari e costieri sono i più soggetti alle invasioni di specie. *Amorpha fruticosa* (falso indaco), introdotta dal Nord America nel 1700 a scopo ornamentale, ha il suo impatto principale sulle cenosi fluviali, dove sostituisce le specie presenti divenendo dominante. Nei sistemi costieri – vulnerabili e fragili a causa dell'impatto antropico, ma ricchi in specie ad alto valore conservazionistico – uno dei caratteri peculiari è la diffusione di piante succulente come il fico degli Ottentotti (*Carpobrotus* spp.) e il fico d'India (*Opuntia* spp.). Si tratta di piante ornamentali con ottime capacità di colonizzazione degli spazi e di competizione con le specie autoctone. In particolare *Carpobrotus* spp., introdotto come specie ornamentale dal Sud Africa, forma tappeti monospecifici e altera le caratterische del suolo, pH e nutrienti [Celesti-Grapow *et al.* 2009].

Alcune specie invasive producono effetti che rientrano nelle patologie ambientali, originando danni per la salute umana in quanto portatrici di sostanze allergeniche, come nel caso del polline di *Ambrosia artemisiifolia* (ambrosia con foglie di artemisia), molto diffusa nelle aree al margine di strade e in generale, nei sistemi urbanizzati e, secondariamente, in ambienti umidi. La specie è anche infestante delle colture, diminuendone la resa.

Il progetto di catalogazione delle specie invasive in Europa (DAISIE, *Delivering Alien Invasive Species Inventories for Europe*) ha portato a definire le specie a maggiore grado di invasività in Europa e le ha corredate con carte geografiche che ne illustrano la distribuzione, i caratteri biologici, le misure da adottare.

Le specie invasive, in rapido aumento, costituiscono una grave minaccia per la biodiversità autoctona, oltre a provocare impatti per la salute umana e di tipo socioeconomico. Il fenomeno delle invasioni biologiche è strettamente connesso al disturbo antropico, alla degradazione e frammentazione degli habitat, all'inquinamento e ai cambiamenti climatici come conseguenza delle azioni dell'uomo sull'ambiente. La sopravvivenza e la diffusione di talune specie invasive può ad esempio essere spiegata dall'innalzamento delle temperature che ha caratterizzato l'Europa nell'ultimo decennio. Sono pertanto necessarie misure per arginare il fenomeno che passano in primo luogo attraverso azioni di prevenzione e che, tra l'altro, comportano controlli più rigorosi alle frontiere e uno scambio di informazioni a livello regionale, nazionale e internazionale. Una volta che la specie si è insediata l'eradicazione o, qualora non sia possibile, il controllo nel lungo termine e il contenimento sono necessari per arrestarne la diffusione. Dato che il problema dell'invasione biologica è transfrontaliero, le misure adottate devono essere concertate e coordinate tra i paesi confinanti.

CAPITOLO QUINTO

UN MOSAICO

1. *Un'immagine a «macchie»*

Da un aeroplano, il territorio ci appare per lo più come un mosaico di macchie o tessere (*patches*). Questa immagine, richiamata da Richard Forman nel volume *Land Mosaics* [1995], ha dato origine all'approccio più comune nella rappresentazione e nello studio del paesaggio (fig. 7). Da qualsiasi punto di vista lo si esamini, il territorio infatti risulta quasi sempre disomogeneo. Dalla prospettiva aerea prima accennata, possiamo scendere a una più accessibile «posizione dominante», all'uso di Goethe che, per vedere i caratteri spaziali di un'area, saliva su torri e campanili. Il paesaggio ci presenta forme distribuite nello spazio, vere disomogeneità spaziali, che corrispondono a variazioni di parametri quali brillantezza o colore (*tono*), presenza di margini (*forma*), arrangiamento spaziale degli elementi presenti (*pattern*), arrangiamento e frequenza della variazione tonale in una particolare area (*tessitura*), ripetizioni ordinate di toni e tessiture, interrelazioni (*associazione*) fra gli elementi [Vianello 1998]. La disomogeneità ha caratteristiche discontinue e permette, generalmente, di riconoscere *patches* distinte. L'individuabilità spaziale della *patch* ne rappresenta la condizione costitutiva.

I *criteri di caratterizzazione* delle *patches* variano in base non solo agli aspetti del sistema ambientale che si vuole esaminare [Gustafson 1998], ma anche dell'osservatore (uomo, organismo animale, drone) e della scala spaziale dell'indagine. Le *patches* di un paesaggio a scala umana vengono spesso definite in base a caratteri (composizionali o strutturali, ad esempio) della vegetazione. La *patch* in questo senso può essere intesa come un tratto uniforme

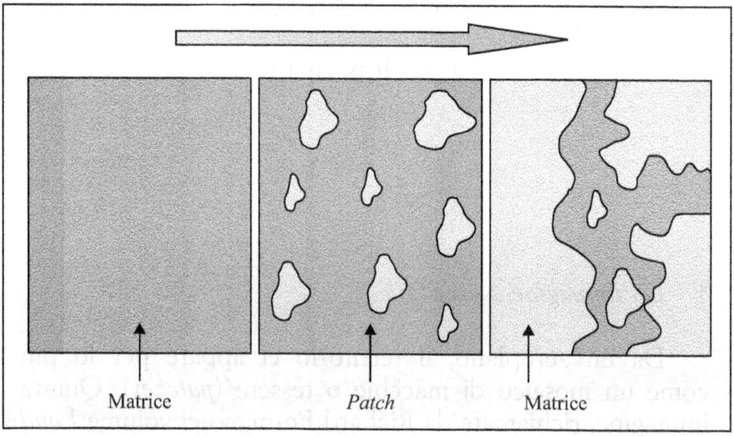

FIG. 7. Gli elementi principali di un paesaggio: matrice e *patches* (macchie). Nel tempo (freccia in alto) le *patches* possono unirsi determinando una nuova matrice.

Fonte: Forman e Godron [1986].

di vegetazione la cui composizione in specie vegetali riflette caratteri ambientali, genetici ed evolutivi. Le *patches* possono anche essere definite in base alle modalità di relazione degli organismi (ricerca del cibo, scelta del partner, competizione). Ogni organismo, dunque, riconosce e definisce *patches* differenti a differenti scale [Wiens 1976].

Ogni *patch* ha *caratteristiche spaziali* proprie, quali estensione, forma, struttura interna, funzione, e caratteristiche che la relazionano all'ambiente circostante, quali margini, tipo di aggregazione e organizzazione reciproca (adiacenza, inclusione, connessione).

L'*estensione* della *patch* è l'informazione spaziale più importante che un paesaggio fornisce. In linea del tutto generale, sono correlate positivamente a essa la ricchezza in specie (animali o vegetali), la dimensione delle popolazioni, la presenza di specie rare e la loro persistenza nel tempo, la stabilità nei confronti dei disturbi. Nelle *patches* di piccole dimensioni, infatti, le risorse (spazio, cibo, riparo) sono più limitate e condizionano negativamente sia la sopravvivenza delle singole specie sia la composizione delle comunità. Questo fenomeno è generalmente definito come *effetto area* ed è un'estensione in ambito terrestre della teoria delle isole elaborata da MacArthur e Wilson [1967]. Tuttavia, le *patches* di piccole dimensioni possono essere portatrici di specie e funzioni ecologiche altrove non comuni o assenti, interrompendo ampie distese di habitat di origine antropica o con bassa qualità ambientale, o agendo come *pietre di attraversamento* (*stepping stones*) per il movimento delle specie animali. Un esempio nei contesti di pianura è rappresentato dalle aree forestali che presentano un carattere di residualità in un paesaggio profondamente alterato dall'uomo e che pertanto assumono un'alta valenza ecologica, oltre che schiettamente estetica. La dimensione dell'estensione è tuttavia un concetto relativo: una *patch* ampia per una specie può essere angusta per un'altra.

La *forma* di una *patch* risente dei processi che l'hanno creata: processi naturali determinano forme spesso irregolari o convolute, mentre le forme regolari sono tipicamente di derivazione antropica. La forma ha una rilevante importanza ecologica poiché può influenzare i processi che coinvolgono *patches* differenti, come la migrazione di piccoli mammiferi o la colonizzazione di specie legnose e, assieme alla dimensione, concorre a influenzare l'abbondanza delle specie.

Tra i caratteri più propriamente relazionali, i *margini* hanno notevole importanza. I margini possono essere infatti considerati alla stregua di membrane che avvolgono le *patches* e svolgono una funzione di filtro regolando il flusso delle specie animali (attraverso il movimento), di quelle vegetali (attraverso la dispersione dei semi), di energia, di nutrienti e di acqua [Forman e Monroe 1982]. La letteratura ecologica suddivide, in generale, i margini dei sistemi ambientali in due categorie: *ecoclini* ed *ecotoni*. I primi sono aree di transizione tra sistemi ambientali, i secondi sono aree fortemente caratterizzate da discontinuità dei caratteri ambientali rispetto ai sistemi adiacenti. Questa tipologia si basa sull'analisi della distribuzione spaziale di fattori ambientali secondo gradienti (*ecocline*) o discontinuità (*ecotone*). Per valutare gli effetti dei sistemi marginali occorre però riferirsi alle differenti scale di percezione e uso da parte dei viventi. La risposta delle specie animali ai margini è molto variabile: alcune specie necessitano dei margini per accedere ad ambienti differenti, altre percepiscono il margine come una discontinuità ambientale, altre ancora come una vera e propria barriera, alcune infine hanno nel margine il proprio habitat. I processi naturali e le attività umane hanno un ruolo cruciale nel creare e mantenere i margini che per contro sono importanti indicatori ecologici di processi spaziali o temporali. In linea del tutto generale, margini complessi derivano da processi legati a limiti naturali mentre margini semplici (riferibili a figure euclidee) descrivono effetti di limiti imposti artificialmente.

Le condizioni microclimatiche (velocità del vento, temperatura, umidità, radiazione solare), l'accumulo dei materiali, i caratteri del suolo, la biodiversità, i processi biotici (quali, ad esempio, competizione, predazione e parassitismo) e gli impatti antropici sono differenti da quelli presenti all'interno della *patch* (*area core*). La combinazione di fattori biotici e abiotici, che caratterizzano le condizioni ambientali lungo il margine, rendono quest'ultimo uno spazio fortemente differenziato caratterizzato dal punto di vista strutturale ed ecologico rispetto alla porzione centrale della *patch*. Questo fenomeno è noto da tempo agli ecologi come *effetto margine* (*edge effect*) ed ha una vasta letteratura in ambito forestale. L'effetto margine delle foreste è in primo luogo il risultato della differenza nel vento e nell'intensità della luce che raggiunge una *patch* forestale e che altera microclima e tassi di disturbo rispetto all'*area core*. Ad esempio, gli alberi prossimi ai margini forestali sono maggiormente vulnerabili alla turbolenza del vento e al disseccamento. A questi fattori si accompagna una differente dispersione dei semi e una differente presenza di erbivori che possono condizionare composizione e struttura dei margini. Gli ambienti di margine sono inoltre spesso caratterizzati da un elevato contenuto in specie pioniere, generaliste, opportuniste, idonee ad habitat disturbati, e possono offrire nicchie ecologiche per specie aliene.

L'effetto margine può essere amplificato dall'esistenza di un elevato contrasto tra *patches* adiacenti, il cosiddetto *contrasto dei margini*, che esprime l'ampiezza della distanza ecologica, strutturale e di composizione specifica fra tipi di *patches* a contatto. Il contrasto dei margini tra due tipologie forestali a contatto, ad esempio, è inferiore rispetto a una foresta adiacente a un campo coltivato. I diversi livelli di contrasto dei margini hanno effetti significativi sulla capacità degli organismi di utilizzare le risorse in *patches* adiacenti e un elevato contrasto ha l'effetto di impedire agli organismi di cercare risorse nelle *patches* circostanti.

La *patch* ha una *struttura interna*, che è il riflesso di una *patchiness* a scala di maggiore dettaglio. Dall'abituale punto di vista macroscopico, possono essere distinte una *struttura orizzontale* e una *struttura verticale*. Nel piano orizzontale è possibile individuare una porzione centrale (*area core*) con caratteristiche morfofunzionali diverse da quelle dell'area periferica (paramarginale e marginale) e la cui ampiezza è proporzionale alla dimensione della *patch* e inversamente correlata alla complessità della forma. Nel piano verticale si realizza una variazione delle caratteristiche ambientali con l'aumento della distanza dal suolo, che può avere una significativa rilevanza biologica e che costituisce la base della *stratificazione* dei popolamenti forestali. La stratificazione consiste nella distribuzione di individui e specie in differenti piani (*strati di copertura*) e consente una maggiore articolazione in nicchie e l'utilizzo differenziale delle risorse disponibili (in particolare la luce).

La *patch* è infine caratterizzata da un proprio *contenuto*. La conoscenza del contenuto abiotico (caratteri geologici, chimici, topografici) della *patch* – relativamente statico – è utile per la comprensione dell'origine e della dinamica del contenuto biotico (numero di specie e loro rapporti quantitativi). La componente vegetale, protagonista centrale della biodiversità, in termini sia strutturali sia funzionali, consente di classificare le *patches* in differenti habitat. Si arriva così alla definizione di tipi di habitat distribuiti nel paesaggio. Ogni habitat ha una particolare valenza per i viventi (uomo compreso) e costituisce una risorsa ambientale.

Alcuni tipi di *patch* tendono ad aggregarsi in combinazioni che esprimono distribuzioni spaziali di risorse ambientali. Queste aggregazioni sono caratteristiche di determinati sistemi ambientali e ne costituiscono il carattere più importante. Un esempio significativo può essere fornito dalle *patches* caratterizzate da vegetazioni naturali disposte secondo un gradiente corrispondente alle differenti durate di sommersione da parte delle acque.

Se il nostro interesse è verso la valutazione di un paesaggio come spazio per la biodiversità animale, è importante distinguere *source patches* (area sorgente) e *sink patches* (area recipiente, pozzo). *Source patch* è un'area dove il tasso di natalità di una specie animale è maggiore del tasso di mortalità: vi sono individui disponibili come potenziali colonizzatori di altre *patches*. Nella *sink patch* il tasso di mortalità eccede invece quello della natalità e la persistenza delle popolazioni dipende da un regolare flusso di specie che vi immigrano [Pulliam 1988; Pulliam e Danielson 1991; Dunning, Danielson e Pulliam 1992]. I boschi residuali, le siepi, i canali con la vegetazione riparia a essi associata possono essere considerati come le *source patches* dei paesaggi agrari, mentre le aree agricole rappresentano, in genere, siti alimentari (*sink patches*). Le *sink patches* possono ospitare una grande biomassa ma non sono stabili, perciò la distruzione delle *source patches* ha effetti a cascata sul declino delle specie. Il concetto *sink* e *source* è relativo: zone riconosciute *source* per alcune specie possono essere *sink* per altre e viceversa.

2. *Il paesaggio come realtà eterogenea*

I paesaggi costituiscono un reticolo d'interazioni e scambi che coinvolgono la componente biotica (animale e vegetale) e abiotica, oltre ai processi ecologici e possono essere definiti da caratteri di tipo configurazionale e composizionale.

La *configurazione* del paesaggio riguarda l'arrangiamento e la collocazione delle *patches* rispetto ad altre (della medesima o differente tipologia) e che ne rappresentano il contesto, nonché il grado di isolamento rispetto a *patches* della medesima tipologia. Di particolare interesse è la distribuzione spaziale delle *patches*. La distribuzione può essere naturale oppure condizionata in varia misura dall'uomo; se naturale, può presentare distribuzioni significative (non casuali), che possono talora essere correlate (con vario grado di probabilità) a fattori geologici, climatici, biologici o di altro tipo.

La *composizione* del paesaggio si riferisce alla *varietà* e all'abbondanza (*frequenza*) dei tipi di habitat, che rappresentano fattori cruciali da considerare nella stima della biodiversità del paesaggio. La varietà si esprime come il numero degli habitat presenti in un determinato paesaggio, può avere un'importante influenza su numerosi processi ecologici ed è spesso correlata positivamente alla ricchezza in specie. L'abbondanza di un determinato tipo di habitat può essere intesa come la probabilità di ricevere il messaggio ambientale che l'habitat considerato ci invia. Se molti habitat hanno estensioni relative simili il paesaggio ci invia molti messaggi e quindi un messaggio globale incerto dal punto di vista ambientale; se invece un tipo di habitat ha estensione molto maggiore degli altri, il paesaggio ci fornisce meno messaggi, ma un'informazione globale molto chiara dal punto di vista ambientale.

Configurazione e composizione conferiscono a ciascun paesaggio la sua unicità e struttura (pattern), ma ne descrivono anche l'*eterogeneità*. L'eterogeneità consiste nella distribuzione nello spazio degli habitat e delle relazioni che tale distribuzione rende possibili [Forman e Godron 1986; Allen e Hoekstra 1992]. Essa può essere definita come «la complessità e la variabilità delle proprietà di un sistema nello spazio» [Li e Reynolds 1995]. Numero, densità e dimensione media delle *patches* possono essere utilizzati come indicatori del grado di eterogeneità del paesaggio: più numerose e dense sono le *patches*, maggiore sarà l'eterogeneità. Questo condiziona la diversità in specie che il paesaggio può ospitare: Leopold [1933] ha dimostrato che la diversità della fauna selvatica era più marcato nei paesaggi a maggiore diversità ed eterogeneità.

I disturbi hanno un ruolo cruciale nel determinare l'eterogeneità: producono un mosaico di aree con diversi gradi di distubo. D'altro canto l'eterogeneità del paesaggio può avere un ruolo chiave nel promuovere o ritardare la diffusione dei disturbi. Un elevato grado di eterogeneità può ritardare la diffusione dei disturbi quando questi sono habitat-specifici come nel caso di parassiti legati a singole specie. L'eterogeneità influenza anche la diffusione dei disturbi che si propagano in habitat differenti. Nel caso degli incendi i differenti tipi di vegetazione e la differente distribuzione del materiale combustibile costituiscono il fattore chiave [Turner 1989; Forman 1995]. Frequenza, intensità o estensione dei disturbi possono alterare la struttura del paesaggio. Alcuni disturbi come incendi, uragani, alluvioni sono a loro volta influenzati dai cambiamenti climatici globali che, agendo sulla loro variazione, frequenza e intensità, possono provocare cambiamenti sostanziali nel paesaggio.

Il paesaggio al suo interno, indipendentemente da come sono state definite le *patches*, non contiene solo un mosaico di *patches*, ma anche una gerarchia di tali mosaici su tutta una serie di scale. Il mosaico, a sua volta, ha una struttura che è determinata da una *patchiness* a scala più ampia [Kotliar e Wiens 1990]. Ciò rappresenta la struttura gerarchica ambientale, la quale indica che ogni sistema ambientale può essere visto come un insieme di sottosistemi e a sua volta può essere considerato come componente di un sistema di maggiori dimensioni.

I paesaggi sono, infine, da considerare sistemi aperti in cui energia, materiali e organismi hanno flussi in entrata e in uscita che dipendono dal cosiddetto contesto in cui il paesaggio è inserito e compreso e che influenzano i processi che operano all'interno del paesaggio.

3. *La matrice*

La matrice è il sistema che condiziona maggiormente i processi che avvengono nel paesaggio. Nel mosaico ambientale la matrice può essere riconosciuta nella *patch* o nell'insieme di *patches* che determinano il carattere prevalente del mosaico per estensione, connessione e funzioni svolte [Forman e Godron 1986]. Intesa in questi termini, la matrice può essere formata da un unico (*matrice continua*) o pochi elementi dominanti (*matrice discontinua*) o configurata *a rete* per la presenza di corridoi con elevata funzione ecologica [Ingegnoli e Giglio 2005].

Esiste tuttavia un altro modo di intendere il concetto di matrice. Questo rappresenta un'estensione in ambito terrestre della teoria delle isole [MacArthur e Wilson 1967]. Secondo questo approccio il mosaico è letto in maniera binaria, habitat/non habitat. Le *patches* appartenenti a uno stesso tipo di habitat possono essere considerate alla stregua delle isole geografiche, in quanto distribuite in uno sfondo (non habitat) ecologicamente neutrale o addirittura inospitale. Questa prospettiva ha due limiti: da un lato pochi organismi mostrano una risposta binaria (idoneo/non idoneo) agli habitat, ma occupano più spesso uno spettro di habitat che utilizzano in maniera differenziale; d'altro canto la matrice ha forti influenze sulle *patches* considerate habitat. Gli usi del suolo che separano le *patches* habitat possono influenzare la persistenza e la vitalità delle popolazioni in esse presenti, condizionare la sensibilità delle specie all'area e all'isolamento, influenzarne il movimento (se animale) o la dispersione (se vegetale).

Le matrici, se caratterizzate da forti contrasti ambientali, contengono una flora e una fauna che possono costituire una vera e propria barriera a ogni interscambio con conseguenti alterazioni nelle strutture demografiche delle popolazioni, diminuzione della variabilità genetica e rischio di estinzione negli habitat. In definitiva, la matrice che differisce maggiormente per struttura e microclima dall'habitat tende a essere più ostile alle specie. Laurence, nel 2008, ha dimostrato che le foreste amazzoniche circondate da pascoli per il bestiame subiscono una maggiore perdita di specie di quelle a contatto con foreste secondarie. Inoltre questi effetti possono essere accentuati se sono presenti inquinanti, pesticidi ed erbicidi.

Risulta pertanto cruciale in fase di gestione la valutazione della qualità della matrice, dato che questa ha forti influenze sui differenti sistemi ambientali in essa contenuti e conseguentemente sulla conservazione della biodiversità. Inoltre, la maggior parte delle specie dipende dalla matrice e dalla sua gestione. Accrescere la qualità della matrice può portare a risultati migliori che manipolare dimensione e configurazione delle *patches* residuali, che rimangono comunque fondamentali per la salvaguardia di determinate specie e habitat [Franklin e Lindenmayer 2009].

4. *Il problema della connessione*

La connettività è la misura del grado con il quale il paesaggio o i suoi elementi facilitano il movimento e le relazioni funzionali degli individui fra le *patches*, la dinamica delle metapopolazioni e i processi ecologici. È dunque di primaria importanza per la sopravvivenza delle specie [Merriam 1984]. La connettività può essere intesa da un punto di vista strutturale o funzionale [Kindlmann e Burel 2008].

La *connettività strutturale* (*connectedness*, connessione) è determinata dall'arrangiamento spaziale dei differenti tipi di habitat e dipende dalla continuità di un habitat idoneo, dalla rete di connessioni, oppure dalla distanza che deve essere attraversata o dalla presenza di un percorso alternativo. Particolare rilevanza assumono sotto questo aspetto i *corridoi* che possono garantire una continuità fisica tra le *patches* considerate habitat per la specie.

I *corridoi* sono definibili come spazi dove una risorsa è distribuita all'interno di una stretta fascia che si differenzia dal contesto in cui è collocata. Tali spazi possono costituire collegamenti che permeano il paesaggio, mantenendo o ristabilendo la connettività naturale, di geni, individui, processi ecologici (l'impollinazione e la dispersione dei semi, ad esempio) tra *patches* di habitat altrimenti non contigue. I corridoi possono anche provvedere alla sopravvivenza delle specie, fornire un habitat (temporaneo o permanente) alle stesse, costituire un rifugio per quelle rare o minacciate in contesti ambientali fortemente modificati. Alcuni corridoi possono inoltre modificare i flussi di energia e di nutrienti dalla matrice circostante e di conseguenza influenzare la matrice stessa. Tuttavia è da sottolineare che la funzione di un corridoio dipende dalla specie, dal processo considerato e anche dalla scala. Natura ed efficienza dei corridoi dipendono anche dall'habitat da cui originano, dalla struttura interna, dal loro arrangiamento spaziale, dal mosaico di habitat all'interno del quale sono inclusi, nonché dalla gestione. Come rovescio della medaglia, in alcuni casi particolari i corridoi possono avere un'influenza negativa in quanto possono facilitare la diffusione di disturbi (il fuoco ad esempio), di specie invasive o esporre le popolazioni di specie a contatto con specie maggiormente competitive o alle malattie.

Forman e Godron [1986] distinguono tre tipi di corridoio: corridoi la cui ampiezza consente (*strip corridors*) o meno (*line corridors*) lo svilupparsi di condizioni ambientali interne e i corridoi fluviali (*stream corridors*).

Le siepi nei paesaggi agrari ne sono un esempio significativo. L'interesse per questi elementi è cresciuto a partire dagli anni '50 e '60 quando, per i cambiamenti delle tecniche agricole, la maggior parte delle siepi è stata rimossa. Molte siepi di antica origine, che delimitavano aree agricole, derivavano da disboscamenti seguiti dalla conservazione di una sottile fascia perimetrale di bosco. Queste antiche siepi conservavano la composizione in specie vegetali che era propria del margine del bosco preesistente: erano piccoli «boschi lineari». Nei paesaggi urbanizzati le siepi si possono formare naturalmente lungo ostacoli lineari, come nel caso degli spazi nelle immediate adiacenze delle autostrade, per trasporto di semi da parte di agenti atmosferici o uccelli. Nei paesaggi rurali, le siepi sono spesso interconnesse a formare una rete. Il termine francese *bocage* indica un paesaggio dove le siepi costituiscono gli elementi caratteristici, in contrapposizione al paesaggio aperto, e può talora indicare una rete di siepi. Oltre al loro ruolo primario di margine o di confine – fisico o soltanto simbolico – le siepi hanno svariate valenze e funzioni di habitat o rifugio per specie che non potrebbero altrimenti esistere nei paesaggi agricoli, di controllo fisico (diminuzione dell'erosione o del vento, aiuto al drenaggio ecc.) e di regolazione dei flussi biologici e chimici. Le siepi possono anche essere produttive con frutti, legna e selvaggina [Baudry, Bunce e Burel 2000].

I corridoi fluviali sono sistemi altamente dinamici caratterizzati da alveo, sponde e vegetazione ripariale che consentono il movimento di molte specie animali (pesci e mammiferi) e vegetali. La stretta interazione tra alveo e vegetazione ripariale, che controlla il flusso d'acqua e di nutrienti, produce uno scambio di energia, materiale e nutrienti che attraggono molte specie. La vegetazione ripariale agisce da tampone perché limita il flusso di elementi chimici, nutrienti e particolato nei corsi d'acqua. Anche l'uomo ha da sempre utilizzato i fiumi per i trasporti o a scopo ricreazionale. Sono tuttavia le infrastrutture viarie che attualmente possono essere considerate l'attuale corridoio preferenziale per l'intercomunicazione fra i luoghi e una migliore gestione delle attività umane. Per molti altri viventi (talora anche per l'uomo stesso) e per il paesaggio costituiscono un elemento di criticità. Numerose specie invasive vengono trasportate e depositate direttamente lungo la strada dai veicoli o possono diffondersi anche per la turbolenza dell'aria dovuta al passaggio dei veicoli. Ad esempio, l'espansione di *Senecio inaequidens* (il senecione sudafricano) è stata documentata fin dagli anni '50, mentre per *Chamaesyce nutans* (l'euforbia macchiata) è nota la diffusione lungo i binari delle ferrovie. Gli effetti negativi in termini di frammentazione ecologica e di alterazione della biodiversità sono riportati nel paragrafo successivo.

Il concetto di corridoio deve essere esteso anche ad altre strutture o caratteri del paesaggio (*stepping stones*, *mosaici di habitat* ecc.), definibili con il termine generico di *collegamenti* (*linkage*) [Bennet 2003] in grado di promuovere gli scambi attraverso i movimenti di individui e di supportare i processi ecologici senza necessariamente essere lineari, continui o strutturalmente distiguibili dalle altre componenti del paesaggio.

Gli *stepping stones*, ad esempio, sono *patches* che fungono da *pietre da attraversament*o (*guado* o *tappe di passaggio*). Nella loro formulazione originale all'interno della teoria delle isole [MacArthur e Wilson 1967] prendevano questa denominazione piccole isole interposte tra la sorgente di risorse biotiche e l'isola, dove le specie possono arrivare, crescere e riprodursi, e che forniscono un'ulteriore fonte per la dispersione degli individui. Nel mosaico, gli *stepping stones* sono *patches* che possono fungere da aree di sosta e rifugio per alcune specie nel passaggio fra aree ecologicamente isolate, immerse in una matrice sfavorevole o ostile alle specie. Possono avere un'origine naturale, seminaturale o essere schiettamente di origine antropica come le piantagioni, i laghetti artificiali e i parchi urbani delle aree metropolitane e vengono utilizzati dalle specie capaci di effettuare movimenti a medio/breve raggio [Bennet 2003].

La connettività funzionale (*connectivity*, connettività) considera le risposte comportamentali degli individui alle *patches*, ai margini e alla configurazione spaziale del paesaggio [Kindlmann e Burel 2008].

La connettività dipende dalla specie ed è influenzata da fattori quali la scala di percezione e uso dell'ambiente, le richieste d'habitat, il grado di specializzazione, la tolleranza ai disturbi, la fase della vita, la risposta della specie a predatori e a competitori. Alcune specie necessitano di habitat idonei o di qualche particolare arrangiamento spaziale degli habitat, mentre altre non richiedono un particolare tipo di habitat o un pattern per mantenere la connettività nel paesaggio, come nel caso di specie legate ad ambienti determinati dall'uomo. Uno stesso paesaggio, pertanto, può fornire un'elevata connettività per alcune specie e una bassa connettività per altre. In ogni caso, all'aumentare della distanza fra le *patches*, e quindi dell'isolamento, la connettività diminuisce. Questo effetto è significativamente modificato dalla qualità della matrice in cui sono inserite le *patches* [Bennet 2003].

5. *Un mosaico instabile*

La struttura e la configurazione spaziale del paesaggio variano nel tempo. Il paesaggio è infatti formato da differenti componenti, ognuna delle quali con una propria dinamica; esso è quindi soggetto a continui e simultanei cambiamenti, ciascuno caratterizzato da una propria velocità e ampiezza. Il dinamismo intrinseco ai singoli elementi costitutivi il paesaggio e i disturbi (naturali e antropici) – a livello di singola *patch*, di habitat o di paesaggio – hanno un ruolo cruciale nella definizione del mosaico ambientale e delle sue componenti e ne determinano una continua riorganizzazione spaziale, con un conseguente cambiamento complessivo della sua qualità ambientale. Queste trasformazioni si esprimono ad esempio attraverso la formazione di nuove *patches*, mentre altre possono scomparire; variano estensione, margini e di conseguenza la forma delle *patches*; mutano la loro natura e la qualità ambientale. Un particolare tipo di habitat può quindi cambiare la sua idoneità per le specie nel tempo, con conseguente fluttuazione o scomparsa delle popolazioni.

Nei processi di trasformazione del paesaggio, spesso il cambiamento di un elemento implica il cambiamento di tutto l'assetto, così come il cambiamento del contesto modifica la qualità di ogni elemento in esso incluso. Tuttavia i cambiamenti delle singole componenti del paesaggio non sempre si traducono in cambiamenti dell'intero paesaggio: i singoli elementi possono cambiare e persino scomparire, ma il paesaggio come unità non cambia necessariamente nella stessa maniera o con lo stesso tasso di variazione e appare più stabile delle sue componenti. La relativa stabilità e resistenza dell'apparenza di un paesaggio ai cambiamenti può essere illustrata come conseguenza del suo olismo [Naveh e Lieberman 1984; Naveh 1995].

La frequenza e ampiezza (o scala) delle trasformazioni sono cruciali nel determinare modificazioni che si possono mostrare nel costante dinamismo del paesaggio in maniera graduale oppure improvvisamente e in maniera catastrofica. Le prime determinano solo una perdita parziale di identità, mentre le seconde portano alla formazione di nuovi tipi di paesaggio, non sempre di elevata qualità ambientale. A seconda dell'ampiezza e frequenza delle trasformazioni, il paesaggio può mostrare variazioni periodiche, tendenze evolutive o variazioni casuali [Farina 1998; Antrop 2005].

6. *Frammentazione e perdita di habitat*

Qualsiasi struttura che interseca il paesaggio può, secondo i casi e di volta in volta, costituire un corridoio o una barriera. La frammentazione del paesaggio è determinata da barriere naturali o artificiali che impediscono o limitano il movimento delle specie.

Le infrastrutture viarie sono nei paesaggi attuali uno tra gli elementi principali di frammentazione. Oltre al ferimento e all'uccisione di molti animali che le attraversano, provocano un'interruzione della continuità morfologica, biologica e percettiva. Dissezionano il paesaggio interrompendo i flussi, sia fisici sia biologici, quali la dispersione degli animali, il loro accesso ad habitat specifici o la circolazione superficiale delle acque. Nel lungo periodo determinano una frammentazione ecologica e anche estetica del paesaggio e vi inducono – in seguito a mutamenti nell'accessibilità – ulteriori processi di trasformazione. Inoltre, i sistemi stradali sono fonte di inquinanti, emissioni acustiche che provengono dai veicoli e influenzano le condizioni microclimatiche e il bilancio idrico. Gli impatti che le infrastrutture hanno sui sistemi ecologici si estendono dunque oltre la sola superficie occupata dall'infrastruttura stessa [Forman e Alexander 1998]. A questi effetti devono essere sommati quelli legati alle pratiche costruttive e alle connesse attività cantieristiche, alle caratteristiche dell'opera (dimensioni, materiali usati ecc.) e alle attività indotte (scavo di gallerie o le cave di materiale).

La frammentazione (fig. 8) – fenomeno prevalente nei cambiamenti attuali del paesaggio come conseguenza delle attività umane sul territorio – è un processo che comporta la riduzione in estensione di un habitat (con conseguente scomparsa di parte dell'habitat stesso) per suddivisione in frammenti (di differente dimensione, grado di isolamento e arrangiamento spaziale), separati gli uni dagli altri da una matrice differente da quella originaria e più artificiale [Wilcove, McLellan e Dobson 1986; Fahrig 2003].

Secondo McIntyre e Hobbs [1999], lungo una sequenza di trasformazioni possono essere riconosciute quattro fasi principali codificate dagli autori come paesaggio intatto, variegato, frammentato e residuale e definite complessivamente come modello variegato. Questa sequenza temporale corrisponde a una diminuzione dell'habitat disponibile, a un aumento del degrado dell'habitat e dell'effetto margine. Gli habitat infatti tendono a essere sempre più modificati mano a mano che aumenta il livello di distruzione. Alla frammentazione possono seguire processi di recupero, anche conseguenti ad azioni gestionali, che però difficilmente portano al ripristino della situazione iniziale.

Molti degli effetti negativi della frammentazione di origine antropica sulle specie e sui processi ecologici dipen-

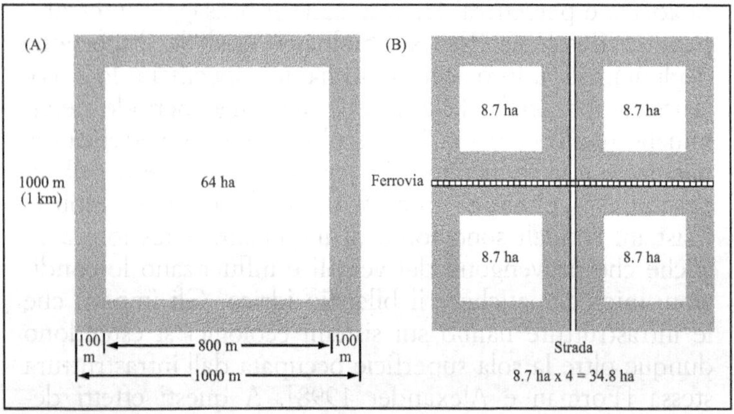

FIG. 8. La frammentazione dei sistemi ambientali e l'aumento dell'*effetto margine* (area grigia), attraverso un esempio ipotetico. Se un'area di 1 km² (100 ha) viene frammentata da una strada e da una ferrovia in 4 aree, all'*effetto barriera* dovuto a questi manufatti si sommano quelli dell'accresciuta estensione dei margini. L'area del sistema (escludendo l'effetto margine) è quasi dimezzata (64 ha).

Fonte: Primack [1995].

dono direttamente o indirettamente dall'effetto area (che diminuisce), dall'effetto margine (che aumenta) e dall'isolamento.

Le popolazioni diventano piccole, isolate, vulnerabili a processi stocastici (ambientali, demografici e genetici) e possono scomparire rapidamente durante il processo di frammentazione. Inoltre, la frammentazione altera e distorce le interazioni fra le specie (competizione, predazione, parassitismo, mutualismo, malattie), in quanto le risorse quali spazio, cibo, riparo sono più limitate, influenzando sia la sopravvivenza delle singole specie sia la composizione delle comunità nei frammenti di habitat. La frammentazione porta in generale all'incremento delle specie generaliste o opportuniste, idonee ad habitat disturbati, in particolare nei margini [Bennet 2003]. L'estrema conseguenza della frammentazione è la presenza di habitat in quantità insufficiente e di scarsa qualità, tali da non supportare individui e popolazioni vitali.

L'habitat, la nicchia, la specializzazione, la dimensione dell'*home range*, la mobilità, la distribuzione geografica, la dimensione del corpo, la specializzazione alimentare hanno effetti sull'estinzione delle specie animali. Le specie ai livelli trofici più elevati, di grande taglia (o che hanno necessità di grandi aree), con bassa mobilità e densità di popolazione e forte specializzazione, sono le più sensibili al fenomeno. I grandi predatori, infatti, spesso spariscono dai frammenti e in loro assenza possono divenire molto abbondanti onnivori generalisti ed erbivori, con conseguenti effetti a cascata sia sulle comunità animali sia su quelle vegetali. Un'elevata mobilità, se da un lato può aiutare le specie a muoversi tra i frammenti, può portare un maggior numero di individui a disperdersi in habitat non idonei, mettendo così in pericolo la persistenza della popolazione. Le specie animali a elevato legame con un habitat sono le più soggette all'isolamento derivante dalla frammentazione e dall'inesistenza di connessioni strutturali o funzionali.

L'isolamento genera una diminuzione della connettività specie-specifica con formazione di una metapopolazione costituita da unità demografiche tra cui è ridotto il flusso genetico. La variabilità genetica di popolazioni isolate subisce una graduale riduzione, con aumento della vulnerabilità sia per la ridotta capacità di adattamento in caso di perturbazioni ambientali, sia per la maggiore probabilità che si manifestino alleli recessivi dannosi o letali. Con l'aumentare della frammentazione, ad esempio, aumenta la distanza percorsa dagli individui per effettuare gli spostamenti e di conseguenza il rischio di predazione, mentre diminuisce il successo riproduttivo. Il movimento degli animali è fondamentale al fine di rinforzare le popolazioni locali dove sono in declino, ma ciò è influenzato dalla presenza di specifici fattori limitanti e dall'interazione competitiva con altre specie [*ibidem*]. La capacità di volo degli uccelli mitiga parzialmente gli effetti della frammentazione, ma le ridotte dimensioni delle *patches* e le più lunghe distanze innescano maggiore consumo di energia e di tempo impiegato per raggiungerle.

La frammentazione altera molti aspetti dell'ambiente fisico. Le distruzioni a scala vasta della vegetazione possono causare cambiamenti nei cicli di nutrienti, nella circolazione dell'acqua e nei regimi del vento che influenzano le comunità negli habitat residuali. I cicli di nutrienti, le dinamiche forestali, l'accumulo di carbonio, le interazioni foreste-clima, le relazioni preda-predatore, le interazioni competitive, la dispersione dei semi, l'impollinazione sono di frequente interrotti o modificati dalla frammentazione, sia per influenze interne ai frammenti sia negli ambienti circostanti al frammento. La frammentazione spesso altera i regimi di incendio naturale, inibendoli o promuovendoli, e determina cambiamenti nella composizione e struttura della vegetazione residuale. Questi cambiamenti sono quelli che hanno i maggiori impatti sulla biodiversità [Bennet 2003; Laurence 2008].

Influenze esterne, come le trasformazioni dell'uso del suolo nell'ambiente circostante, e i cambiamenti delle condizioni interne, come le successioni di vegetazione, possono avere una marcata influenza sulla vulnerabilità delle specie all'estinzione locale. Un cambio nella composizione in specie può portare a cascate di estinzioni, in particolare quando sono coinvolte specie chiave o che hanno un'importante funzione ecologica. Infine, i sistemi frammentati sono più dinamici degli habitat integri e sono più soggetti a eventi casuali e a disturbi frequenti, spesso con elevato turnover delle specie [Bennet 2003; Fischer e Lindenmayer 2006].

CAPITOLO SESTO

IL PAESAGGIO COME IMMAGINE

1. *La rappresentazione del paesaggio*

La rappresentazione del paesaggio fornisce una conoscenza di base per ogni tipo di decisione sul territorio (con finalità di pianificazione, gestione o conservazione) e per l'individuazione e il controllo degli elementi più vulnerabili. Essa comporta la definizione del paesaggio nei suoi confini e nei suoi contenuti, e passa attraverso l'acquisizione – sul campo o mediante telerilevamento – di dati e immagini in grado di fornire tali informazioni.

Il telerilevamento (*remote sensing* [Lillesand e Kiefer 1998]) è una tecnologia che permette di ottenere senza contatto diretto dati qualitativi e/o quantitativi riguardanti oggetti o fenomeni inscritti in un'area determinata e quindi dati utili per lo studio del paesaggio. Le prime immagini che visualizzano e descrivono la realtà risalgono alla seconda metà del XIX secolo: fu nel 1855 che Gaspar Felix Tournachon (detto Nadar) brevettò l'idea di utilizzare le fotografie aeree per la cartografia e la topografia, ma passarono tre anni (1858) prima che potesse scattare la sua prima fotografia a una distanza di circa 80 m dal suolo.

Le immagini sono raccolte e registrate tramite sistemi di acquisizione o sensori (macchina fotografica analogica o digitale, scanner digitale, video, radar, laser), posizionati su una piattaforma (aereo, satellite, drone), in grado di raccogliere e memorizzare energia elettromagnetica per particolari intervalli di lunghezza d'onda e porzione dello spettro elettromagnetico (visibile, infrarosso, microonde). Alcuni sensori misurano l'energia naturalmente disponibile (*sensori passivi*) mentre altri emettono un impulso elettromagnetico verso un oggetto (*sensori attivi*) e misurano la radiazione riflessa (frazione di ritorno o *back scattering*).

Sensori passivi sono le immagini derivanti dalle riprese aeree, che classicamente costituiscono lo strumento essenziale per la costruzione della cartografia di base o tematica (le carte della vegetazione, ad esempio). Possono essere in bianco e nero (pancromatiche) o a colori; queste ultime permettono una migliore distinzione dei differenti tipi di vegetazione e la loro identificazione. Le immagini all'infrarosso consentono di distinguere, ad esempio, le specie arboree, aspetti patologici dovuti a infestazioni e stati di stress [Vianello 1998]. Le immagini digitali, con risoluzioni e definizioni sempre maggiori, tendono a sostituire quelle analogiche.

Sensori attivi, in grado di emettere energia e di registrarne gli effetti, sono ad esempio: l'interferometria radar tramite SAR (*Synthetic Aperture Radar*, radar ad apertura sintetica) nel campo delle microonde; il LIDAR (*Light Detection and Ranging* o *Laser Imaging Detection and Ranging*), comunemente detto Scanner laser altimetrico, nel campo del visibile/infrarosso. Il LIDAR permette di determinare le coordinate di punti a terra con elevata densità, utilizzando un impulso laser. Il laser infatti ha la capacità di penetrare la vegetazione e campionare punti anche sotto la superficie superiore della vegetazione ed estrarre perciò informazioni relative alle caratteristiche strutturali, come ad esempio l'altezza degli alberi.

Nel *telerilevamento aereo*, le camere possono essere montate su piattaforme diverse (elicotteri, aerei, droni, ad esempio). Le caratteristiche delle immagini dipendono da differenti fattori, quali il tipo di camera (metrica, panoramica, di piccolo formato), la quota di ripresa, il tipo e l'orientamento dell'obiettivo presente sulla camera. Nella fotografia aerea è inoltre fondamentale l'orientamento dell'obiettivo rispetto al piano dell'orizzonte: le *riprese ortogonali* sono dette *zenitali*; le *riprese oblique* sono invece utili per ottenere una visione panoramica e consentono una migliore lettura qualitativa del territorio; queste ultime si prestano tuttavia, con maggiore difficoltà, a misure quantitative di aree e lunghezze, data la deformazione che subiscono [Casagrande 2011].

Il *telerilevamento da satellite* prevede l'impiego di una piattaforma orbitante e consente di coprire in modo omogeneo e ripetuto aree molto estese della superficie terrestre. Il primo satellite costruito specificamente per monitorare la superficie terrestre fu LANDSAT 1, lanciato in orbita dalla NASA nel 1972, inizialmente denominato ERTS-1 (*Earth Resource Technology Satellite*) la cui ultima generazione è rappresentata da LANDSAT 8.

Parametri di acquisizione comuni per le immagini sono l'estensione della superficie osservata dal sensore (copertura) e la risoluzione (spettrale, spaziale, temporale, radiometrica), che rappresenta un fattore cruciale per tutte le analisi successive. La *risoluzione spettrale* rappresenta numero e dimensione degli intervalli delle lunghezze d'onda dello spettro elettromagnetico che il sensore è in grado di registrare. La *risoluzione spaziale* (*geometrica*) dipende dalla dimensione del più piccolo elemento che può essere discriminato nell'immagine. La *risoluzione temporale* si riferisce alla frequenza con cui una porzione della superficie terrestre viene registrata e trasformata in immagine che, nel telerilevamento da satellite, dipende dal tempo in cui un satellite completa l'intero ciclo dell'orbita (periodo di rivisita). La frequenza di registrazione determina la tipologia e il tasso di cambiamento che può essere stimato. La *risoluzione radiometrica* esprime la quantità di livelli di energia che un sensore riesce a discriminare e a trasformare numericamente.

L'analisi delle immagini comporta in genere operazioni preliminari volte a correggere distorsioni dovute al sensore o alla piattaforma, e in particolare a effetti topografici, atmosferici, all'angolo di osservazione, alle caratteristiche geometriche del sensore ottico, al movimento del sistema a scansione, al movimento, all'instabilità, all'altezza e alla velocità della piattaforma, alla curvatura e alla rotazione della Terra. La *georeferenziazione* è la procedura che consente di assegnare la posizione dei *pixel* nell'immagine a un sistema di coordinate a terra in un preciso sistema di riferimento spaziale, utilizzando in genere dei punti di controllo (*Ground Control Point*, GCP) rilevati a terra o individuati su una carta topografica oppure su un'immagine precedentemente georeferenziata [Lillesand e Kiefer 1998]. L'*ortorettifica*, oltre a posizionare correttamente le immagini, le ricalcola tenendo conto dei dati geometrici di acquisizione e della topografia mediante l'introduzione di informazioni di tipo altimetrico.

Il contenuto informativo delle immagini non è intuitivo, ma deve essere determinato attraverso un *processo di interpretazione*, che mira essenzialmente a stabilire i limiti tra differenti tipologie di oggetti riconoscibili sulle immagini. Fino a pochi decenni fa esso si avvaleva dell'uso dello *stereoscopio* e consisteva nel riportare sopra un fondo topografico i tipi cartografici individuati sulle immagini. Un metodo più recente consiste nell'interpretazione e nella digitalizzazione a video (*interpretazione visuale*), mediante opportuni software. In entrambi i casi la fotointepretazione è definita *manuale*. Se da un lato dà ottimi risultati, data l'elevata capacità umana di discriminare oggetti differenti, tuttavia dipende dall'osservatore con conseguente non replicabilità del dato.

Questo limite è superato dalle attuali tecniche di analisi di immagine *mediante software*, che si basano sulle informazioni spettrali contenute nei *pixel* che compongono l'immagine. Le immagini sono classificate con procedura manuale o con procedura automatica, supervisionata (*supervised*) o meno (*unsupervised*). La classificazione è definita *unsupervised* quando è il software a creare gruppi (*clusters*) di *pixel* accomunati da valori di riflettanza simili che rappresentano classi di copertura differenti. Per i metodi *supervised*, l'utente definisce aree di addestramento (*training sites* o *samples*), corrispondenti a gruppi di pixel, che rappresentano una determinata classe di copertura e dai quali il software ricava una firma spettrale della classe corrispondente. In base alle firme create, il software assegnerà automaticamente ciascun pixel dell'immagine alle differenti classi.

La *classificazione a oggetti* (*object-based*) comporta invece preliminarmente l'estrazione di oggetti (poligoni) dall'immagine (*segmentazione*). Gli oggetti sono costituiti da aggregazioni di pixel individuati in base a parametri spettrali, di forma e con un significativo contrasto rispetto alle aree adiacenti [Definiens software 2006]. Diminuendo il fattore di scala, i poligoni divengono sempre più piccoli e con una minore variabilità spettrale intra-poligono. Da una stessa immagine è possibile generare diversi livelli gerarchici di poligoni con differenti fattori di scala (*seg-*

1. La prima rappresentazione pittorica di una porzione di paesaggio reale. Nella *Pesca miracolosa* di Konrad Wiz, del 1444, lo sfondo della scena evangelica è la veduta di una sponda del lago di Ginevra, ancor oggi riconoscibile. Venezia, Gallerie dell'Accademia.

2. Azienda agricola nella pianura bolognese (olio su tela di anonimo fiammingo), XVIII secolo. Un'immagine simile a quella che vide Goethe nel 1786, dal campanile della basilica di San Biagio a Cento. Collezioni d'arte e di documentazione storica della Cassa di Risparmio in Bologna.

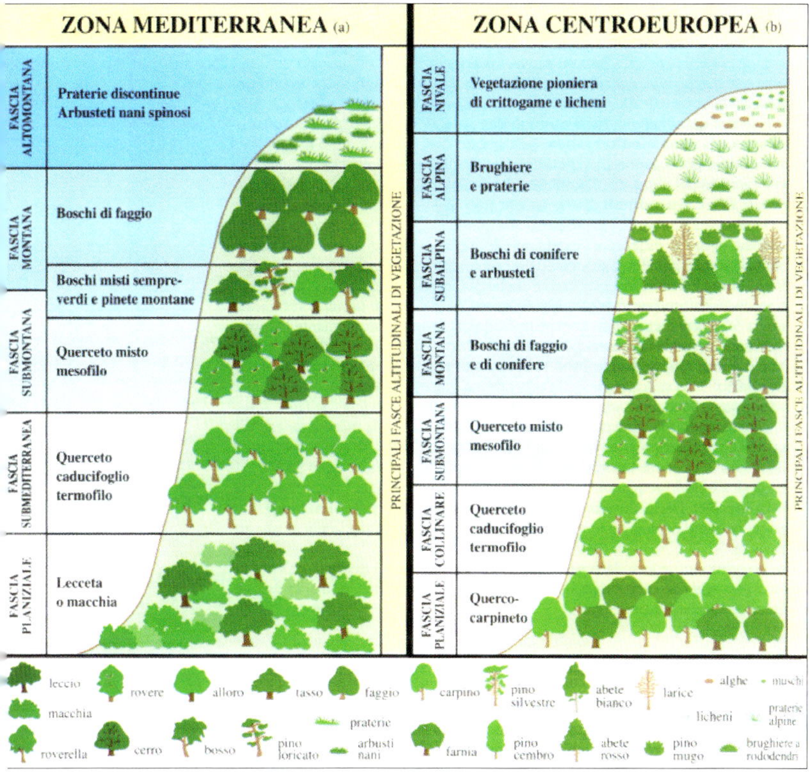

3. Le fasce altitudinali della vegetazione nelle due zone bioclimatiche in cui è suddivisibile l'Italia: zona mediterranea e zona centroeuropea. Le fasce altitudinali sono caratterizzate dalle loro vegetazioni naturali potenziali, determinate dai rispettivi bioclimi.

Fonte: F. Venturelli e L. Virli, *Invito alla Botanica. Con esercitazioni di laboratorio*, Bologna, Zanichelli, 1995.

4. Due paesaggi a confronto, come appaiono in foto aeree zenitali. Il paesaggio formato da sistemi naturali (a sinistra) e il paesaggio costruito dall'uomo (a destra) differiscono per le forme dei loro sistemi. Il paesaggio costruito dall'uomo è caratterizzato da forme geometriche «regolari», riconducibili alla geometria euclidea.

mentazione multirisoluzione). Il processo di classificazione richiede nelle diverse fasi una validazione dei dati e un intervento dell'operatore. Gli oggetti estratti dall'immagine sono successivamente classificati manualmente o tramite un metodo di classificazione automatica (*unsupervised* o *supervised*).

La restituzione della carta, ottenuta a seguito dei processi di interpretazione delle immagini, viene resa tradizionalmente a stampa. La composizione della carta include diversi elementi, tra cui la base cartografica, la sovrastampa a colori della carta tematica in cui le unità cartografiche vengono identificate tramite sigle che definiscono univocamente i tipi cartografici e tinte diversificate ma standardizzate. Completa la carta la legenda con le relative didascalie (essenziale nei contenuti), che viene stampata ai lati della carta.

2. *Le rappresentazioni cartografiche del paesaggio*

Ci sono molti modi per suddividere il paesaggio, ma la classificazione tematica migliore dipende dal fenomeno che si vuole esaminare e dalla disponibilità dei dati, che risultano spesso il fattore limitante per discriminare le differenze. L'interpretazione del paesaggio attraverso i caratteri della vegetazione costituisce un mezzo privilegiato per l'interpretazione dell'ambiente perché le differenti tipologie della vegetazione portano informazioni indirette che si riferiscono anche a suolo, clima e altri aspetti ecologici e documentano i processi in atto, gli impatti antropici (presenti o pregressi) e gli effetti dei processi sociali occorsi nel tempo. La rappresentazione cartografica della vegetazione è dunque il mezzo necessario per esprimere l'estensione e i rapporti spaziali tra gli habitat in essa contenuti.

Ci sono almeno due componenti critiche delle carte della vegetazione che condizionano le successive interpretazioni della struttura del paesaggio: la scala spaziale e la risoluzione tematica. La *scala spaziale* ha due componenti [Gustafson 1998]: grana (*grain*) ed estensione (*extent*). L'estensione è il dominio spaziale dei dati o la superficie coperta dalla mappa. La grana è la risoluzione spaziale minima dei dati: la dimensione del pixel nell'immagine o l'unità minima di mappatura. In base alla *scala spaziale*, le carte possono essere poi distinte in carte a piccola (inferiore a 1:100.000) o grande scala (superiore a 1:25.000). Le prime vengono impiegate per la rappresentazione di ampie aree geografiche (ad esempio interi paesi) mentre le seconde per ambiti territoriali relativamente ristretti. La *risoluzione tematica* fa riferimento ai sistemi di classificazione adottati che consentono di discriminare ambiti differenti.

La *tipologia* delle carte della vegetazione è molto varia e questo è dovuto alle differenti impostazioni teoriche che pongono l'accento su differenti caratteri della vegetazione: *in primis* la composizione specifica e la struttura [Pirola 1978; Pedrotti 2004].

Le *carte fisionomiche* hanno costituito la prima modalità di rappresentazione della vegetazione e risalgono agli anni '20 e '30 del secolo scorso [Zenari 1925; Provasi 1926; Francini 1936; Gavioli 1936; Zangheri 1936, ad esempio]. Esse fanno riferimento alla fisionomia della vegetazione e cioè a una sola, o a poche specie dominanti nelle formazioni vegetali (foreste, arbusteti, praterie), alle relative forme di crescita (alberi, arbusti, erbe) e alla struttura della vegetazione. Le formazioni vegetali vengono definite in modo abbastanza generico (ad esempio foreste di caducifoglie) e spesso le definizioni e le tipologie utilizzate variano a seconda degli autori.

Le *carte forestali* possono essere considerate particolari carte fisionomiche e rappresentano aree occupate dalla vegetazione forestale, distinta in base alle specie dominanti, alla gestione o *governo* da parte dell'uomo (ceduo o fustaia, ad esempio), all'incremento e alla provvigione nei boschi di produzione [Pedrotti 2004]. La cartografia forestale si è sviluppata infatti come strumento conoscitivo a supporto della programmazione gestionale. La Carta Forestale del Regno d'Italia del 1936, in scala 1:100.000, rappresenta la prima cartografia della copertura forestale unica per tutto il territorio italiano che differenzia i boschi in categorie (resinose, faggio, rovere e farnia, cerro, sughera, castagno, altre specie o misti, boschi degradati). A eccezione della categoria resinose (suddivise per specie prevalenti: abete rosso, abete bianco, larice, pini, pino domestico) e boschi degradati, le altre categorie vengono ripartite in base alla forma di governo (alto fusto, ceduo composto, ceduo). Dal 1936 a oggi si sono succedute diverse esperienze (locali o regionali) che hanno portato all'implementazione di cartografie che identificano tipologie con significato ecologico, dinamico, gestionale e inventariale (*classificazione tipologica*). Il sistema nomenclaturale è organizzato in livelli gerarchici che corrispondono a gradi differenti di omogeneità interna: la sovraunità (*categoria* e *sottocategoria*) è un'unità fisionomica (leccete, cerrete, faggete ecc.); la sottounità (*tipo*) è invece un'unità cartografica tendenzialmente omogenea dal punto di vista della composizione in specie e selvicolturale-gestionale.

Il metodo fitosociologico proposto da Braun-Blanquet [1964] ha dato luogo a una lunga serie di esperienze legate alla cartografia della vegetazione. Le *carte fitosociologiche* sono *carte della vegetazione attuale* (o reale) che rappresentano la distribuzione spaziale delle associazioni, alleanze, ordini e classi che si osservano sul terreno nel momento del rilevamento (da qui l'aggettivo *attuale* o *reale*). Una delle prime carte è di Braun-Blanquet (1947) e riguarda un'area presso Montpellier in Francia (1:20.000). La carta fitosociologica dei pascoli dell'alta valle Braulio (1:12.500) di Giacomini e Pignatti [1955] ha costituito, in ambito italiano, il modello per la cartografia successiva su base fitosociologica. A partire dagli anni '70, la cartografia della vegetazione su territori campione fu il tema di un vasto progetto di ricerca finanziato dal Consiglio Nazionale delle Ricerche (*Promozione della qualità ambientale*). La rappresentazione cartografica dei tipi di vegetazione secondo la classificazione fitosociologica fu standardizzata in Italia da Bruno e Giacomini [1971]. Dalle carte della vegetazione attuale, riclassificando i tipi di vegetazione sulla base di criteri differenti da quello della composizione in specie, possono essere ottenute *carte derivate*. Le carte della naturalità della vegetazione, ad esempio, che forniscono un'immagine della qualità ambientale del paesaggio, vengono ottenute riclassificando i tipi di vegetazione sulla base degli effetti dell'azione umana sulla loro struttura [Pedrotti e Minghetti 1999; Ferrari *et al.* 2008]. Alle carte della vegetazione reale si contrappongono quelle della *vegetazione potenziale*, che rappresentano il tipo di vegetazione più complesso che un determinato habitat può ospitare. Tuttavia, l'esistenza di differenti definizioni di vegetazione potenziale hanno portato alla elaborazione di documenti che pongono l'accento su aspetti differenti.

Le *carte sinfitosociologiche* rappresentano le serie di vegetazione, cioè l'insieme spaziale delle associazioni vegetali (dette serie di vegetazione) che sono distribuite in un ambito territoriale omogeneo per caratteri ambientali naturali e che sono momenti diversi (stadi) di formazione della stessa vegetazione potenziale per il bioclima del territorio considerato. I fitosociologi chiamano questo insieme *sigmeto*, *sigmassociazione* (dalla lettera greca Σ, sigma, che indica una somma) o *sinassociazione* [si vedano ad esempio Tüxen 1979; Géhu 1987; 1991]. Questo tipo di carta fornisce, allo stesso tempo, una rappresentazione della diversità ambientale esistente e delle sue differenti potenzialità, che sono anche una descrizione delle potenzialità biologiche di un paesaggio. Per tutta l'Italia è stata recentemente prodotta una carta delle serie di vegetazione in scala 1:500.000 [Blasi 2010].

La cartografia che rappresenta complessi di vegetazione determinati da condizioni geomorfologiche, in contesti climatici omogenei, si basa sul concetto di geosigmeto o catena di serie di vegetazione. Questa cartografia è nota agli studiosi della vegetazione come cartografia catenale. Secondo Géhu [1991] un geosigmeto si riferisce a una porzione di territorio ecologicamente eterogenea, formata da un insieme di sigmeti a contatto tra loro (*catena*) all'interno di unità geomorfologiche in contesti climatici omogenei. La cartografia dei geosigmeti è utile per descrivere combinazioni caratteristiche di tipi di habitat in differenti condizioni di naturalità e le loro relazioni con l'eterogeneità ambientale. Dopo che la Comunità europea, con la Direttiva Habitat (94/43/CEE), ha assunto i tipi di vegetazione (identificati prevalentemente a livello di ordini e alleanze della fitosociologia) come descrittori dei tipi di habitat di interesse comunitario, le carte degli habitat possono essere considerate casi particolari di carte della vegetazione.

A queste cartografie, che descrivono le cause ambientali del paesaggio e le sue potenzialità naturali, vanno sicuramente aggiunte le *carte dell'uso del suolo*, che si basano sulla classificazione delle forme di copertura della vegetazione secondo criteri d'uso da parte dell'uomo (aree di cava, aree urbane, industriali, aree agricole, pascoli, incolti, foreste ad alto fusto, boschi cedui). Alle numerose esperienze locali (regionali, ad esempio) si affiancano cartografie a vasta scala generate con lo scopo di incrementare la disponibilità di informazioni affidabili sull'uso del suolo mediante lo sviluppo di standard metodologici di classificazione e cartografia. Con il Progetto CORINE *Land-Cover* (CLC) la Comunità europea, nel 1990, si è dotata di una cartografia relativa alla copertura del suolo (1:100.000), con una legenda strutturata in 44 classi organizzate in 3 livelli gerarchici, e successivamente aggiornata nel 2000 e nel 2006 [Bossard, Feranec e Otahel 2000]. In Italia, ISPRA ha adottato un livello di maggiore dettaglio tematico (IV livello) per gli ambiti forestali e seminaturali. A livello globale, nell'ambito del *Global Land Cover Network* (GLCN), un'iniziativa nata nell'ambito del Progetto Africover [FAO 2003], sono stati sviluppati e testati importanti strumenti metodologici per la cartografia dell'uso del suolo e, in particolare, il *Land Cover Classification System* (LCCS).

3. *La gestione delle carte*

Le carte della vegetazione e dell'uso del suolo sono *strati informativi* (tema, tematismo, *coverage*, *layer*) che ci forniscono dati sul paesaggio. I dati del paesaggio sono elementi grafici (le *patches* del modello a mosaico di macchie, ad esempio) la cui posizione è definita da coordinate che li collocano in un sistema geografico di riferimento e a cui vengono associate descrizioni tradotte in codici numerici (perimetri e aree ad esempio) o alfabetici.

Questi dati vengono gestiti all'interno di *Sistemi informativi geografici* (GIS, *Geographic Information System*). Il GIS è un «complesso di hardware, software, e personale tecnico in grado di acquisire, memorizzare, estrarre, trasformare e visualizzare dati spaziali dal mondo reale» [Burrough 1986]. Un GIS ha il suo obiettivo principale nell'analisi di dati spaziali per diventare uno strumento di supporto a decisioni di gestione di specie, fenomeni ambientali (tra cui la vegetazione) e paesaggi [Gomarasca 2004].

I dati spaziali possono essere rappresentati fondamentalmente attraverso due modelli: vettoriale e raster (fig. 9).

Il *modello vettoriale* è ampiamente utilizzato per produrre carte della vegetazione. Questo modello utilizza classi geometriche (ad esempio punti, linee, poligoni) dette primitive (*features*), adattabili a tutte le combinazioni che esistono nel paesaggio reale, codificate e memorizzate sulla base delle loro coordinate. Il *punto* è utilizzato per definire la posizione di elementi che, nella scala di acquisizione o di utilizzo, sono puntiformi (alberi, punti di rilievo) ed è definito mediante una coppia (eventualmente terna) di coordinate (x, y, più z = quota). La *linea* è una collezione di segmenti (archi), con una propria direzione e lunghezza e costituiti da una lista ordinata di vertici definiti da coordinate. Il *poligono* è un'area chiusa, delimitata da linee (archi) e vertici, e viene utilizzato per rappresentare caratteri del paesaggio che, alla scala utilizzata, hanno un'estensione. Tutte le caratteristiche (attributi) relative agli elementi geografici dello strato informativo sono raccolte in tabelle generalmente gestite da una banca dati (*database*). In pratica a ogni elemento è associato un record (riga) che ne contiene la descrizione, mentre i campi (colonne) della tabella memorizzano uno specifico tipo di informazione.

Il *modello raster* permette di rappresentare il paesaggio attraverso una matrice di celle (*pixel = picture element*) di uguale dimensione. Ad ogni cella, la cui dimensione (*pixel size*) dipende dalla precisione del dato, vengono assegnate coordinate e uno o più attributi. Gli attributi possono rappresentare sia singoli fenomeni (ad esempio tipi di vegetazione o geologici), sia il risultato della combinazione di più fenomeni (tipo di vegetazione, tipo geologico, uso del suolo, quota). Un esempio di cartografia *raster* è anche il *Modello digitale del terreno* (DTM, *Digital Terrain Model*), utilizzato per rappresentare la forma del rilievo mediante valori di quota strutturati in una matrice regolare georeferenziata. Dal DTM vengono estratte le caratteristiche fisiche del terreno quali quota, pendenza ed esposizione op-

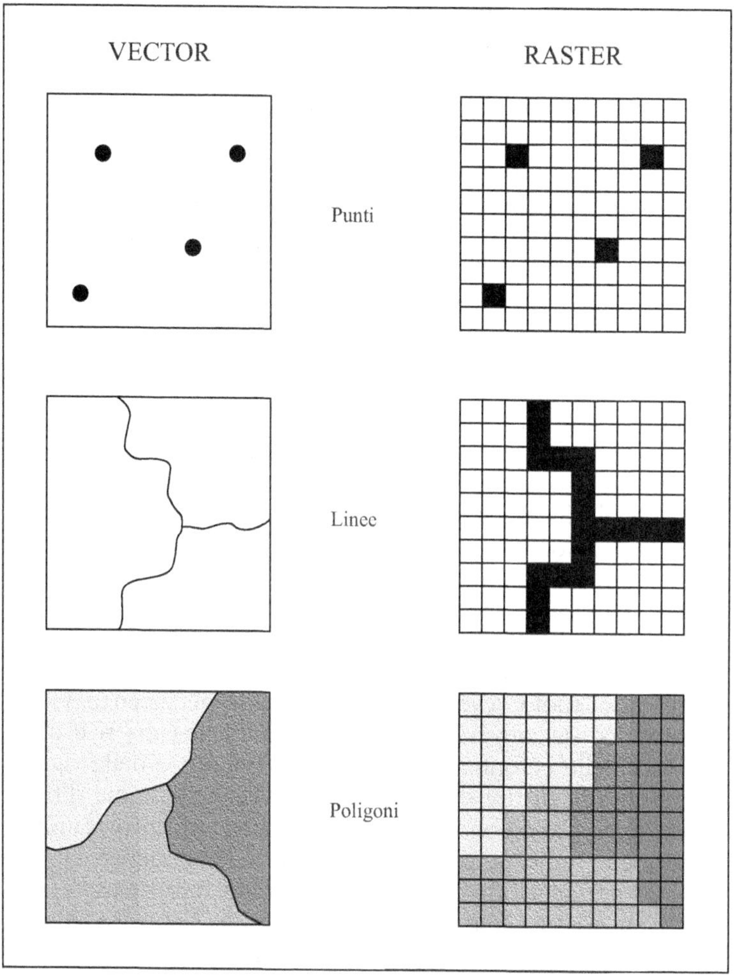

FIG. 9. Confronto fra le due tecniche grafiche usate nella rappresentazione cartografica. Nella grafica raster le immagini vengono elaborate come una griglia di pixel opportunamente colorati. Nella grafica vettoriale si usano punti, linee, poligoni, ai quali possono essere attribuiti colori diversi.

Fonte: Ferrari e Pezzi [2012].

pure è altresì possibile derivare la carta a ombre del rilievo (*hillshade*) che consente di ottenere una visione pseudo-tridimensionale del territorio.

A partire da dati raster o vettoriali, mediante funzioni matematiche (detti anche indici o metriche, *landscape metrics*), possono essere descritte quantitativamente le caratteristiche del mosaico paesaggistico usando software opportuni [Baker e Cai 1992; Elkie, Rempel e Carr 1999; McGarigal *et al.* 2002]. Queste funzioni hanno lo scopo primario di consentire confronti nello spazio e nel tempo.

I GIS consentono tra l'altro la sovrapposizione tra gli elementi di due tematismi differenti per crearne uno nuovo. Questa procedura è definita *overlay mapping*. L'*overlay* tra carte di anni differenti consente di valutare persistenze, trasformazioni e direzione delle trasformazioni (intensificazione degli utilizzi del suolo, abbandono, processi evolutivi della vegetazione) e la loro localizzazione nel paesaggio. La quantificazione di tali processi può essere espressa tramite una *matrice di transizione* o attraverso il mosaico di conversione (*shifting mosaic*). La matrice di transizione mette a confronto coppie di anni ed esprime in maniera quantitativa il cambiamento da un tipo di uso del suolo/vegetazione all'altro e le persistenze. Con il mosaico di conversione viene costruita una matrice che riporta nelle colonne gli anni di rilevamento e nelle righe le estensioni di tipi di uso del suolo/vegetazione nei differenti anni. Le colonne vengono collegate tra loro tramite frecce che indicano direzioni e tassi di cambiamento.

Le applicazioni GIS possono, infine, essere usate su un web server (*map server*), consentendo l'accesso attraverso Internet alla cartografia e ai dati a essa associati. La diffusione delle informazioni georiferite può essere fatta attraverso il Web mediante estensioni degli applicativi nati e sviluppati per gestire la cartografia numerica, con specifiche finalità di comunicazione e di condivisione delle informazioni con altri utenti. Le applicazioni WebGIS sono utilizzabili attraverso i browser di Internet, talvolta con l'impiego di *plug-in*, oppure per mezzo di software distinti, dei quali uno tra i più noti è sicuramente *Google Earth*.

4. *Per la storia del paesaggio*

Ricostruire paesaggi del passato consente di comprendere le origini del paesaggio attuale, identificare i processi passati e presenti che modellano i paesaggi, sviluppare modelli previsionali utili alla gestione e alla conservazione dei sistemi ambientali. Le trasformazioni del paesaggio possono essere evidenziate ripetendo il rilevamento cartografico di uno stesso ambito territoriale in periodi successivi. Un noto esempio è la sequenza di 8 carte che rappresentano la distribuzione della vegetazione dello stagno di Palavas (Francia), eseguite tra il 1915 e il 1958 dal fondatore della scuola fitosociologica Braun-Blanquet [1958]. Un'altra possibilità è quella di ricorrere a cartografia tematica pregressa, a sequenze di immagini (aeree o da satellite) o mappe storiche.

I documenti cartografici del passato cominciano ad avere attendibilità topografica a partire dal XVII secolo per divenire poi nel XIX secolo documenti geografici di piena affidabilità, con particolare riferimento agli usi del suolo e, almeno in parte, alle principali forme di vegetazione.

I *Cabrei* (dallo spagnolo *cabrero* e dal latino medievale *caput breve* o *capi brevium*) costituiscono una delle più consistenti serie archivistiche che rappresentano i paesaggi rurali del XVII e XVIII secolo. In origine cabreo (cabrero) indicava la raccolta fatta redigere da Alfonso XI (1311-1350) per enumerare i privilegi e le prerogative della monarchia della Castiglia medievale. Successivamente i cabrei nacquero dall'esigenza di famiglie nobiliari, enti ecclesiasti e pubblici di mettere ordine nelle rispettive proprietà. Erano costituiti dagli inventari dei beni (elenchi dei beni mobili e immobili, diritti, servitù e valore della proprietà ecc.) e dall'insieme di tavole (mappe generali e singole particelle) che li formavano. I cabrei lasciano il posto alla catastazione geometrica, più precisa e rigorosa, ma il loro studio permette ancora oggi di seguire le profonde modifiche che i luoghi hanno avuto nel corso dei secoli [Vianello 2009].

I catasti, oltre a svolgere funzioni strettamente fiscali, civili ed eventualmente giuridiche (catasto probatorio), costituiscono un'importante fonte d'informazioni sull'uso del territorio. Per lo studio del paesaggio sono d'interesse i catasti con la rappresentazione planimetrica (catasto geometrico). In particolare, il *catasto geometrico particellare* fornisce un'immagine fisica geograficamente localizzata e permette di ricostruire l'organizzazione socioeconomica dei territori. La planimetria rappresenta i limiti delle particelle catastali, che descrivono spazialmente una porzione territoriale omogenea per qualità (uso del suolo), comune, proprietario, grado di produttività ecc. Ogni particella catastale è identificata univocamente da un numero che trova corrispondenza su registri (*tavole censuarie*, *sommarioni*, *brogliardi* ecc.) in cui vengono indicati proprietà, superficie, uso e reddito ottenibile in base alla qualità del terreno e alla sua destinazione d'uso. Il primo Catasto geometrico particellare unico per tutto il territorio italiano venne ordinato dalla *Legge Messedaglia*, o *Legge della perequazione fondiaria*, del 1886, e sostituì i numerosi catasti dei diversi stati in cui era divisa la penisola italiana prima dell'Unità. Con la fine della Prima guerra mondiale venne ereditato il Catasto austriaco per la parte del Regno d'Italia comprendente la Venezia Tridentina e la Venezia Giulia [Bracchi 1956].

Anche la cartografia topografica, grazie a una legenda ricca di simboli grafici riguardanti i differenti ambiti, agricoli e naturali, consente di ricostruire gli usi del suolo nel passato. Le differenti classi dipendono dall'interpretazione della realtà data dal topografo durante il rilevamento e restituite sulla carta mediante un'astrazione simbolica da parte del disegnatore. Questo è il caso della *Carta topografica austriaca* (scala 1:86.400) della prima metà dell'Ottocento. Tale documento, costituito da diverse cartografie prodotte dal Genio militare del Regio imperiale esercito austriaco, deriva da un processo di generalizzazione di versioni acquerellate alla scala 1:28.800. Grande importanza rivestono anche le cartografie topografiche dell'attuale Istituto Geografico Militare (IGM). Le carte in scala 1:25.000 e 1:50.000, prodotte dal XIX secolo, oltre a riportare le componenti fisiche (rete viaria principale e secondaria, idrografia) e fisico-giuridiche (confini delle diverse entità amministrative) dei territori, contengono una simbologia che rimanda a differenti usi del suolo.

L'acquisizione in formato digitale e la georeferenziazione delle mappe storiche è un passaggio indispensabile che consente di gestire le loro informazioni e di confrontarle con altre cartografie. La georeferenziazione di tali mappe richiede, tuttavia, alcune cautele suggerite *in primis* dalle deformazioni dovute all'usura o alle modalità di conservazione, riconducibili all'eventuale assenza di un sistema di riferimento geodetico-cartografico, o ai rilievi a terra (talora non omogenei su tutta l'area cartografata). Una volta acquisita come immagine e georeferenziata, la carta può essere successivamente digitalizzata e corredata di dati qualitativi per un confronto con quelle di epoca differente.

La costruzione di una sequenza di cartografie tematiche (analisi diacronica) è limitata dalla tipologia, dalla scala e dall'accuratezza dei dati disponibili, nonché dalla loro distanza temporale. Questi fattori condizionano la valutazione dell'ampiezza delle trasformazioni e del tasso di cambiamento [Antrop 1998; Petit e Lambin 2002].

Comparare fonti diverse per origine, scala, finalità implica un rigoroso intervento di normalizzazione, che presuppone tra l'altro la preservazione delle peculiarità semantiche di ciascuna carta pur rendendone confrontabile il contenuto.

CAPITOLO SETTIMO

LA GESTIONE DEL PAESAGGIO

1. *I «servizi» del paesaggio*

Il paesaggio come sistema formato da ecosistemi in rapporto spaziale e funzionale è il livello più alto in cui si manifesta la diversità biologica di un territorio. Gli ecosistemi, che nascono dall'interazione funzionale delle specie tra loro e con le risorse ambientali [Odum 1989], forniscono molte risorse a svariati aspetti direttamente e indirettamente legati alla qualità della vita e allo sviluppo umano.

Il primo a illustrare il legame indissolubile tra sviluppo umano e risorse naturali fu l'intellettuale statunitense George Perkins Marsh (1801-1882) con il suo libro del 1864 *Man and Nature*. La preoccupazione primaria di Marsh era quella di sottolineare la scarsità delle risorse naturali utili allo sviluppo umano e le condizioni che permettono alla natura di sostenere le funzioni centrali della vita umana. Nell'ipotesi di Marsh, lo squilibrio tra economia ed ecologia sarebbe stato all'origine del collasso di molte civiltà del passato, incapaci di comprendere la centralità delle funzioni naturali nel garantire la sostenibilità dello sviluppo sociale e del benessere collettivo. A partire dagli anni '40 del XX secolo è iniziata un'ampia riflessione sul legame tra le funzioni della natura e lo sviluppo generale di ogni sistema economico. Si è iniziato a parlare di *servizi ambientali*, *servizi della natura* e *servizi pubblici dell'ecosistema globale*, fino ad arrivare al termine in uso attualmente: *servizi ecosistemici* (*ecosystem services*).

Secondo la definizione del Millennium Assessment [2005] i servizi ecosistemici sono «i benefici multipli forniti dagli ecosistemi al genere umano». Da ciò ne deriva che benessere, sopravvivenza e qualità della vita dell'uomo dipendono dai servizi forniti dai sistemi del paesaggio.

I servizi ecosistemici sono stati raggruppati in quattro grandi categorie:

1. servizi di *supporto* (*supporting services*): sono i servizi ecosistemici di base (habitat, suolo, produzione primaria, cicli dei nutrienti, biodiversità), da cui derivano necessariamente tutti gli altri;

2. servizi di *approvvigionamento* (*provisioning services*): comprendono tutti i beni materiali e i prodotti forniti dagli ecosistemi (risorse genetiche, acqua, cibo, legno, fibre, combustibili, farmaci);

3. servizi di *regolazione* (*regulating services*): comprendono tutti i benefici ottenuti dalla capacità di regolazione propria dei differenti processi ecosistemici (regolazione del clima, delle acque e loro depurazione, delle calamità naturali, impollinazione, controllo dei parassiti);

4. servizi culturali (*cultural services*): comprendono tutti i benefici non materiali che si ottengono dagli ecosistemi (estetici, ricreativi, religiosi, di identità culturale e di senso, appartenenza ai luoghi) e da cui deriva il benessere spirituale.

La vegetazione, ad esempio, assieme agli organismi del suolo, ha un ruolo cruciale nella regolazione delle acque mediante il controllo delle inondazioni, dei flussi e della qualità delle stesse (fitodepurazione). Le foreste sono una componente fondamentale di molti paesaggi. Forniscono servizi ecosistemici di tipo produttivo (legname), di protezione idrogeologica, di regolazione dei cicli del carbonio e dell'acqua, di carattere estetico-ricreativo, e sono serbatoi di biodiversità.

I cambiamenti nell'uso e nella copertura del suolo, l'introduzione o rimozione di specie, gli input esterni – quali l'uso di fertilizzanti, pesticidi e l'irrigazione –, i cambiamenti climatici, le coltivazioni e il consumo delle risorse, oltre ai fenomeni naturali (ad esempio, l'evoluzione della vegetazione), hanno effetti diretti sulla distribuzione, la qualità e la quantità dei servizi che un paesaggio fornisce. Urbanizzazione e infrastrutture, ad esempio, determinano il *consumo del suolo*, ossia una perdita delle sue caratteristiche ambientali e paesaggistiche e, in definitiva, degrado e perdita di servizi ecosistemici.

Gli interventi gestionali devono essere volti alla conservazione e alla valorizzazione di tali servizi e a garantirne la funzionalità nel medio-lungo termine, tenendo conto dei fattori che ne condizionano la dinamica e di tutti i possibili effetti collaterali degli interventi dell'uomo sui sistemi ambientali.

2. *La valutazione di qualità del paesaggio*

La descrizione quantitativa del paesaggio è una condizione essenziale per valutarne la struttura, comprendere le relazioni tra la sua eterogeneità spaziale e i fenomeni ambientali in atto o prevedibili, rilevarne i cambiamenti, confrontare la qualità di differenti paesaggi. Inoltre, l'analisi quantitativa può svolgere un ruolo importante nella definizione degli obiettivi da raggiungere nelle strategie di gestione e conservazione per ottenere determinate condizioni future [O'Neill *et al.* 1988; Turner e Gardner 1991; Gustafson 1998].

La *diversità ambientale* di un paesaggio, cioè il numero e le estensioni relative dei sistemi (habitat) che lo formano, può essere descritta usando i più noti *indici di diversità*: l'indice di Simpson [1949] e l'indice di Shannon [Shannon e Weaver 1949], largamente applicati in campo ecologico. Il più usato dagli ecologi del paesaggio è l'indice di Shannon, che misura la diversità (H) come

$$H = - \sum_{i=1}^{m} (p_i \; ln \; p_i)$$

dove p_i è l'estensione relativa dell'habitat i-esimo (p_1, p_2, ... p_m).

L'indice assume il valore 0 quando nel paesaggio vi è un solo habitat (una sola *patch*) e quindi il paesaggio è omogeneo. Se esistono vari habitat e più tipi di *patches* il valore dell'indice aumenta. Per un dato paesaggio, la massima diversità si realizza quando tutti gli habitat (m) hanno la stessa estensione ($H_{max} = ln \; m$).

Di particolare significato descrittivo è la diversità relativa o *equiripartizione* ($J = H/H_{max}$), calcolata mediante il rapporto tra la diversità calcolata e quella massima possibile per il paesaggio considerato. La diversità relativa può variare da 0, quando esiste un solo habitat, a 1, quando la diversità misurata coincide con quella massima.

La stima della qualità ambientale di un paesaggio è indispensabile per indirizzare opportune strategie di conservazione. Anche questa può essere ottenuta mediante il calcolo di indici che ne valutano la naturalità. Tale naturalità viene stimata a partire dai tipi di vegetazione che formano il paesaggio. In particolare, viene valutata la distanza/differenza esistente tra la vegetazione reale e un modello di riferimento in cui l'influenza dell'uomo è scarsa o nulla. Alcuni autori hanno preferito utilizzare approcci differenti da quello della naturalità valutando la distanza tra vegetazione reale e vegetazione naturale in termini di impatto umano sulla struttura della vegetazione. Ne sono derivati concetti e parametri quali *sinantropizzazione*, *modificazioni antropogene*, *emerobia* [Jalas 1955; Falinski 1966; 1972; 1975; Sukopp 1972]. L'emerobia, ad esempio, è la somma degli effetti dell'impatto antropico sugli ecosistemi.

Sulla base di queste idee è possibile rappresentare una scala di qualità naturale della vegetazione che tiene conto dell'impatto dell'uomo. Van der Maarel [1975] ha suggerito un sistema di sei categorie basato sui gradi emerobiotici di Sukopp [1972]: naturale, prossimo al naturale, seminaturale, agricolo, prossimo al culturale, culturale. Westhoff [1983] ha proposto una classificazione basata su quattro gradi di naturalità dei sistemi ambientali, che sono altrettanti caratteri della vegetazione (culturale o antropogeno, seminaturale, subnaturale e naturale). Ferrari *et al.* [2008] hanno ripartito la categoria «culturale o antropogeno» distinguendo i sistemi urbanizzati da quelli agricoli.

Gli indici di naturalità attribuiscono gli habitat a gradi di naturalità differenti e ne pesano il contributo nel paesaggio, utilizzando come carattere la loro estensione relativa. Seguendo la procedura di calcolo suggerita da Pizzolotto e Brandmayr [1996], Ferrari *et al.* [2008] hanno proposto l'indice di naturalità della vegetazione (IVN, *In-*

dex of Vegetation Naturalness), basato sulla classificazione dei tipi di vegetazione in categorie di naturalità. I gradi di naturalità che si possono adottare dipendono dalla scala cartografica. Per le topografiche più comunemente usate (da 1:10.000 a 1:25.000) sono consigliati cinque gradi di naturalità: urbanizzato, agricolo, seminaturale, subnaturale e naturale. Per scale topografiche maggiori, necessarie per analisi ecologiche di dettaglio, viene proposta una ulteriore suddivisione di queste categorie, fino a ottenere 13 gradi di naturalità. La procedura di calcolo è basata su valori cumulativi delle estensioni relative dei gradi di naturalità, iniziando dal grado di naturalità minimo (massima artificialità). IVN può assumere valori da 0 (esiste solo il grado di naturalità minimo) a 1, quando esiste soltanto il grado di naturalità massimo.

3. *Gestione, conservazione e monitoraggio*

Quello che abbiamo davanti è «un libro dalle pagine strappate», secondo l'immagine di Henry David Thoreau (1817-1862) nel suo libro *Walden; or, Life in the Woods* (Walden, ovvero vita nei boschi): «i miei antenati hanno strappato molti dei primi fogli [...] e l'hanno mutilata in molti punti [...]. Vorrei conoscere un cielo intatto e una Terra intatta». Partendo da questa considerazione emerge come siano fondamentali corrette azioni di gestione e di conservazione per l'uso e la salvaguardia del paesaggio come sistema ambientale complesso, risultato della storia della natura e dell'uomo.

Per *gestione* si intende un consumo dei beni e delle risorse che tenga conto della loro effettiva disponibilità e dei limiti invalicabili a un loro prelievo o sfruttamento dei cicli naturali. Scopo primario della gestione è quello di garantire il funzionamento dei sistemi ambientali favorendo la conservazione di specie (popolazioni, metapopolazioni e comunità) e habitat – da quelli a elevata naturalità a quelli più o meno modificati dall'impatto diretto o indiretto delle attività umane – e di promuovere un utilizzo sostenibile delle risorse naturali riducendo gli impatti umani sulla biodiversità e/o aumentando la qualità della biodiversità [Bennet e Mulongoy 2006]. In definitiva ogni gestione deve tendere esattamente a questo: «fornire lo spazio» alla diversità biologica e ambientale «sia tenendo in serbo grandi blocchi naturali, sia proteggendo gli spazi esistenti negli interstizi del paesaggio umanizzato, cosicché molti tipi di storia possano coesistere» [Worster 1985]. La gestione deve derivare dalla conoscenza delle realtà ambientali presenti, del loro valore e soprattutto dalla comprensione dell'interconnessione di tutte le componenti ambientali, al fine di garantirne l'esistenza, concentrando gli interventi là dove sono sostenibili o dove realmente servono.

La gestione come *conservazione* riguarda i caratteri naturali o culturali e richiede interventi *ad hoc*. Nel passato la conservazione si basava sulla separazione dell'oggetto da conservare (obiettivo della conservazione) dal contesto ambientale in cui esso era inserito. Le azioni di conservazione in passato, sulla spinta della già più volte citata teoria delle isole elaborata da MacArthur e Wilson [1967], hanno portato alla creazione di parchi e riserve che hanno avuto un ruolo chiave non solo nel preservare ambienti naturali o di alto valore, ma anche nell'educare i fruitori alla conoscenza e al rispetto della natura. Tuttavia, parchi e riserve non coprono che una piccola frazione della superficie terrestre, mentre la maggior parte delle specie e dei processi dipende dalla matrice del paesaggio e dalla sua gestione. La politica di conservazione deve perciò andare oltre questi soli strumenti e puntare su una protezione diffusa dell'intero territorio:

> La conservazione della natura concepita in senso unitario non deve limitarsi ad agire nelle riserve o con lo strumento delle riserve. Deve estendersi anche fuori, senza limiti schematici, con una continuità spaziale ininterrotta. Deve giungere ovunque, fino al cuore delle città, delle campagne intensamente coltivate, delle località turistiche di moda [Giacomini 1965].

Questa conservazione diffusa riguarda, in particolare, la diversità degli habitat, la loro interconnessione e la diversità biologica che li caratterizza, garantendone forma e funzionamento. La distruzione o l'alterazione degli habitat sono i più grandi fattori di erosione della biodiversità. Le azioni sulle singole specie sono vane se viene trascurato lo stato dei sistemi ambientali.

Il controllo degli obiettivi che si vogliono ottenere attraverso le azioni di gestione e conservazione viene effettuato attraverso un costante *monitoraggio*. Monitorare deriva dal verbo inglese *to monitor* (controllare) e consiste nel controllo sistematico di alcuni parametri e nella valutazione delle variazioni (macro e micro) subite dai sistemi ambientali. L'acquisizione di dati attraverso il monitoraggio può permettere una migliore comprensione del funzionamento degli ecosistemi nonché valutare in tempo reale la presenza di vari fattori di disturbo. Il monitoraggio aiuta inoltre a comprendere l'effetto degli interventi umani misurandone la portata sulle diverse componenti ambientali coinvolte.

È infine indispensabile identificare mancanze (*gap*) o inefficienze nei sistemi di protezione esistenti e stabilire le priorità negli interventi di conservazione e gestione. Questa valutazione viene fatta con la *gap analysis* a partire dall'esistente spesso rappresentato spazialmente attraverso carte della vegetazione e/o di uso del suolo, di distribuzione delle specie, della distribuzione dei sistemi di aree protette e altri tematismi [Burley 1988].

Tutti gli approcci e gli strumenti sopra ricordati sono necessari per gestire i processi della vita, «quell'attività straordinaria, che nessuna causa sembra attenuare e quel cambiamento necessario» su cui già meditava, sul finire del Settecento, lo scienziato francese Jean Baptiste de Lamarck (1744-1829).

4. *Il restauro ambientale*

Il restauro ambientale comprende tutta quella serie di interventi gestionali atti a migliorare la qualità ambientale, paesaggistica ed ecologica di luoghi soggetti a vario grado di disturbo e degrado (fig. 10). Si rende necessario per contrastare la crescente riduzione di spazi naturali nel paesaggio.

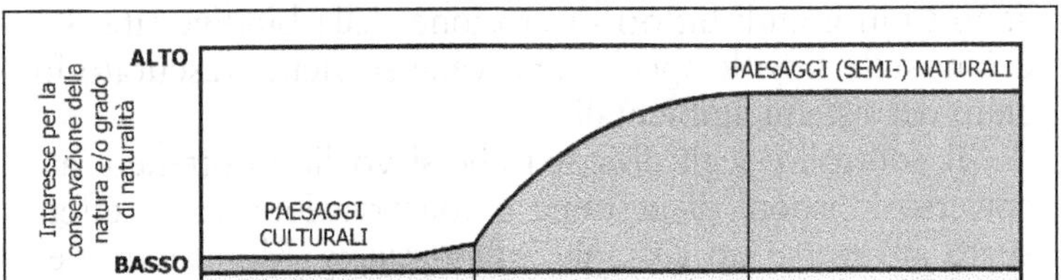

DEFINIZIONE	**Restauro ambientale** Interventi finalizzati a promuovere processi naturali per creare condizioni ambientali favorevoli alla componente biologica del sistema.	**Gestione del restauro** Interventi finalizzati all'insediamento e allo sviluppo di nuove comunità o al restauro di habitat degradati.	**Mantenimento** Interventi finalizzati al mantenimento o al recupero di comunità poco degradate.
ESEMPI	**Prevalenza di fenomeni abiotici** Rimozione di nutrienti dal suolo Restauro morfologico Restauro idrogeologico Prevenzione dell'erosione e del trasporto solido	**Prevalenza di fenomeni biologici** Laissez-faire Pascolo Sfalcio Erpicatura	**Prevalenza di fenomeni biologici** Laissez-faire Pascolo Sfalcio Erpicatura
COMUNITÀ	Grandi cambiamenti nel breve periodo. Prima degli interventi le comunità spariscono del tutto o in gran parte.	Dopo l'intervento si osservano nelle comunità grandi cambiamenti che si riducono progressivamente.	Le comunità appaiono stabili (talvolta con piccoli cambiamenti) o con cambiamenti ciclici.
MISURE	Azioni per lo più di breve durata e controllo umano di processi naturali di lunga durata.	Azioni per lo più di lunga durata e variabili nel tempo in relazione ai cambiamenti delle comunità e/o agli obiettivi di gestione.	Durata illimitata delle azioni, senza variazioni di qualità e quantità.

FIG. 10. La gestione delle componenti naturali nei paesaggi generati dall'agricoltura. Tipi di intervento, fenomeni ambientali prevalenti, caratteri delle comunità biologiche e misure possibili in relazione al grado delle modificazioni umane. Dettagli nel testo.

Fonte: Bakker e Londo [1998, modif.].

I restauri ambientali possono essere volti al miglioramento ecologico-funzionale degli habitat (boschi degradati), alla creazione *ex novo* di habitat rari in una matrice profondamente antropizzata (aree umide, fasce boscate, habitat con la funzione di filtro), alla deframmentazione del paesaggio. Le opere di deframmentazione nascono spesso come risposta agli effetti indotti dalle infrastrutture viarie e riguardano la costruzione di *ponti biologici*, come sottopassi per la fauna (ad esempio anfibi), passaggi per pesci ecc. Affinché l'intervento sia efficace in fase di progettazione devono essere tenute in considerazione le caratteristiche biologico-comportamentali della specie di interesse. Queste riguardano la necessità di determinati habitat per l'alimentazione, per la riproduzione e gli spazi per effettuare migrazioni [Chetkiewicz, St. Clair e Boyce 2006; Malcevschi, Bisogni e Gariboldi 1996].

Oltre agli scopi più strettamente legati alla conservazione biologica i restauri hanno spesso finalità antierosive, di consolidamento, protezione dei suoli (scarpate stradali, versanti e sponde di corsi d'acqua) e talvolta anche finalità di miglioramento estetico-percettivo-ricreativo. I rimboschimenti, ottenuti per piantagione di specie autoctone o introdotte, oltre ad avere scopi produttivi (legno) hanno finalità di restauro ambientale. Il rimboschimento, in quest'ottica, consiste nel complesso di operazioni che portano alla costituzione o ricostituzione di un bosco, innescando tramite la piantagione di alberi la riformazione di condizioni ambientali necessarie per altre specie, arbustive ed erbacee che plasmeranno il sottobosco e il mantello. Si ottiene così una riforestazione dell'area interessata. I rimboschimenti sono (o dovrebbero essere) strumenti sinergici e di completamento delle opere di natura idraulica nell'ambito della sistemazione dei bacini montani.

Nel restauro ambientale esistono tre livelli di intervento (riqualificazione, ripristino, recupero) che nei casi di maggiore degrado ambientale possono anche considerarsi come fasi successive di un restauro (fig. 11).

La *riqualificazione* riguarda in particolare aree fortemente antropizzate (aree industriali, cave e scali ferroviari) e comprende tutto il complesso di interventi finalizzati a rimodellare un sito per un uso diverso e alla rimozione o riduzione degli elementi di degrado (inquinanti, concimi chimici, pesticidi, fitofarmaci). Gli interventi di riqualificazione di aree industriali abbandonate nei paesaggi urbani consistono peraltro nel risanamento, nella rideterminazione degli spazi fruibili e nel dare a questi spazi qualità

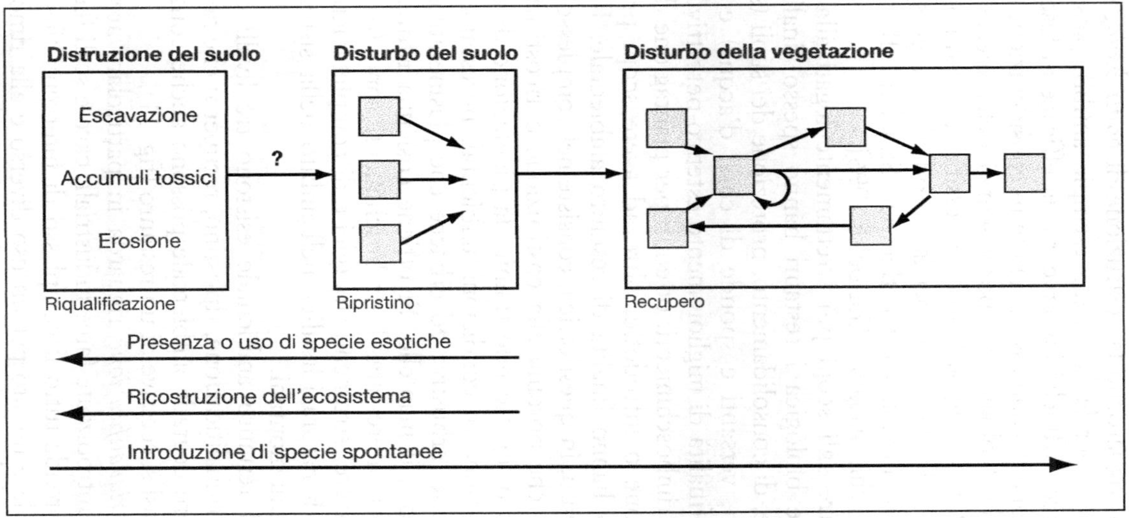

FIG. 11. I tre tipi di restauro ambientale: riqualificazione, ripristino e recupero. I tipi dipendono dall'entità delle modificazioni ambientali e possono essere considerati anche come fasi successive di un intervento. Ogni fase è caratterizzata anche dall'uso di differenti specie vegetali.

Fonte: «Verde ambiente», suppl. n. 6, 1992.

ambientali tali da privilegiare valori estetico-percettivi, ad esempio con la piantagione di alberi e arbusti, utili anche a ridurre l'inquinamento acustico e atmosferico. Un luogo riqualificato può essere sottoposto a interventi di ripristino o di recupero.

Il *ripristino ambientale* ha come obiettivo finale quello di ottenere in un sito una morfologia e una copertura vegetale simile a quella preesistente alla sua occupazione e utilizzazione.

Il *recupero ambientale* comprende il complesso di interventi finalizzati a favorire la ricolonizzazione di un sito da parte di popolazioni di specie vegetali naturalmente presenti nel territorio. Tale ripresa può essere favorita da un modellamento morfologico del terreno volto a facilitare l'attecchimento delle specie. Il recupero è spesso attuato sui principi della *restoration ecology* e con tecniche d'ingegneria naturalistica a basso impatto ambientale. L'ingegneria naturalistica utilizza infatti piante vive in abbinamento con altri materiali inerti non cementizi (legname, terra, geotessuti, biostuoie, pietrame, acciaio, reti zincate) e attua interventi antierosivi e di consolidamento.

5. *Le reti ecologiche*

L'idea e le prime progettazioni di *reti ecologiche* (*ecological network*) nascono nel Nord America, a partire dagli anni '80, e in Italia negli anni '90 del secolo scorso, al fine di creare o ripristinare le connessioni interrotte o indebolite a seguito di estesi fenomeni di frammentazione, perdita e isolamento degli habitat [Malcevschi, Bisogni e Gariboldi 1996]. Le prime reti sono state concepite come un sistema interconnesso di habitat per la salvaguardia di specie potenzialmente minacciate (rete specie-specifica). La rete ecologica, così concepita, mette in connessione, mediante corridoi e *stepping stones*, sistemi ambientali contenitori di specie e/o habitat di elevato valore conservazionistico o in pericolo, le *core areas*.

Elementi importanti della rete sono le *buffer zones* (aree tampone/cuscinetto), che hanno la funzione di mitigare gli effetti negativi della matrice antropica sulle aree *core* o gli altri elementi della rete. Il concetto di *buffer zone* è stato introdotto per la prima volta negli anni '30 del secolo scorso, ma ha assunto un ruolo cruciale come strumento di conservazione a partire dagli anni '70, quando è divenuto parte integrante dell'approccio gestionale del programma MAB (*Man and Biosphere*) dell'UNESCO. L'UNESCO ha introdotto il concetto di *Riserva della biosfera*, ovvero aree (terrestri, costiere e marine) in cui l'obiettivo di preservare la biodiversità si coniuga con l'utilizzo sostenibile delle risorse naturali a beneficio delle comunità locali e ciò comprende attività di ricerca, controllo, educazione e formazione. Le riserve della biosfera sono formate da aree *core* circondate da due aree tampone tra loro concentriche [Bennet e Mulongoy 2006]: la *buffer zone*, dove l'utilizzo del territorio è ristretto ad attività compatibili con la protezione della *core area* e l'*area di transizione* (*transition area* o *sustainable-use area* o *zone of cooperation*). Anche quest'ultimo elemento può essere presente in una rete ecologica.

Gli elementi della rete ecologica possono essere già presenti nei paesaggi. In alcuni casi possono essere strutture derivanti da azioni specifiche. In altri casi viene migliorata, mediante specifici interventi di gestione, la funzionalità degli elementi già disponibili nel paesaggio, come la sagomatura dei margini di una *patch* troppo regolare.

La scala spaziale della rete ecologica ha importanti implicazioni sull'oggetto della conservazione. Esistono reti ecologiche che operano a scala locale, regionale o nazionale [Boitani 2000; Padoa-Schioppa *et al.* 2007], continentale (Wildland Project, PEEN – *Pan-European Ecological Network* – in Europa).

A livello europeo, dal 1992 è presente e operante la Rete Ecologica Europea (*European Ecological Network*) *Natura 2000*. In questo tipo di rete le *core areas* coincidono con siti mirati alla conservazione di habitat e specie minacciati o rari a livello comunitario (elencati negli allegati I e II della Direttiva Habitat 92/43/CEE): le *Zone di protezione speciale* (ZPS) ai sensi della Direttiva uccelli (79/409/CEE) e le *Zone speciali di conservazione* (ZSC) istituite in base alla Direttiva Habitat. Queste ultime sono il risultato di un processo di selezione e designazione di aree indicate, nella fase propositiva, come *Siti di importanza comunitaria* (pSIC).

Gli habitat, definiti nella Direttiva come «zone terrestri o acquatiche che si distinguono grazie alle loro caratteristiche geografiche, abiotiche e biotiche, interamente naturali o seminaturali», sono di fondamentale rilevanza in quanto la gestione degli stessi concorre alla salvaguardia delle specie in essi contenute. Sono tutelati dalla Direttiva Habitat in quanto

rischiano di scomparire nella loro area di ripartizione naturale; hanno un'area di ripartizione naturale intrinsecamente ridotta o per fenomeni di regressione; sono esemplari delle caratteristiche tipiche della regione biogeografica d'appartenenza (alpina, atlantica, boreale, continentale, macaronesica, mediterranea, pannonica, steppica).

La Direttiva indica come prioritari gli habitat ritenuti gravemente minacciati d'estinzione nel territorio della Comunità europea. Gli habitat sono riuniti in 9 macrocategorie: habitat costieri e vegetazioni alofitiche, dune marittime e interne, habitat d'acqua dolce, lande e arbusteti temperati, macchie e boscaglie di sclerofille (*matorral*), formazioni erbose naturali e seminaturali, torbiere alte, torbiere basse e paludi basse, habitat rocciosi e grotte, foreste. Gli habitat corrispondono prevalentemente a unità fitosociologiche, in alcuni casi a formazioni vegetali, in altri ad ambienti con determinati tipi di vegetazione [European Commission 2007; Biondi *et al.* 2009].

Caratterizza la Direttiva Habitat rispetto ad altre forme di protezione l'attenzione, ai fini di una loro conservazione, alle componenti a carattere seminaturale dei paesaggi come i castagneti, gli arrenatereti, i triseteti e i brometi (ampiamente diffusi in Italia), il cui mantenimento dipende da periodici interventi di gestione (sfalcio, pascolo, concimazioni, ad esempio) di carattere non intensivo. I brometi, in particolare, quando ospitano un ricco contingente di specie di orchidee e/o un'importante popolazione di almeno una specie di orchidee ritenuta non molto comune a livello nazionale e/o ospitano una o più specie di orchidee ritenute rare, molto rare o di eccezionale rarità a livello nazionale

sono considerati un habitat prioritario [European Commission 2007; Biondi *et al.* 2009]. Tuttavia, le strategie di conservazione che prevedono l'applicazione di attività umane tradizionali e durevoli devono essere attuate solo nel caso in cui siano economicamente sostenibili, anche in relazione a un contesto dove l'assetto socioeconomico è profondamente mutato.

Nel complesso, Rete Natura 2000 deve essere intesa anche in senso pianificatorio come azione coordinata e coerente di gestione tesa alla conservazione che provvede anche alla costituzione di infrastrutture e servizi coordinati.

Sugli stessi principi di Rete Natura 2000, il Consiglio d'Europa ha lanciato la rete ecologica *Emerald Network*, nel rispetto delle risoluzioni 3 e 4 della Convenzione di Berna (19 settembre 1979), i cui obiettivi riguardano la conservazione della vita selvatica e dell'ambiente naturale. *Emerald Network* rappresenta di fatto un'estensione di Natura 2000 a paesi non membri dell'Unione europea e ad alcuni Stati Africani.

Altre reti, generalmente a vasta scala, oltre a connettere sistemi ad alta valenza ambientale, mirano a creare uno scenario in cui vengono riacquisite funzioni ecosistemiche perdute che nascono a supporto di uno sviluppo sostenibile. Elementi della rete sono i *gangli*, costituiti da matrici ambientali sia naturali sia seminaturali, e le fasce di connessione formate da agroecosistemi (o sistemi similari) sottoposte a una gestione con caratteri di sostenibilità [Malcevschi 2010].

Vi sono infine reti ecologiche di progetto, prevalentemente a supporto di funzioni percettive e ricreative. Queste reti sono volte alla riconnessione e alla ricucitura dei frammenti di habitat a maggiore naturalità e pregio presenti in aree a elevata antropizzazione e sono finalizzate a restituire l'identità a luoghi profondamente trasformati. Elementi di questo tipo di rete sono i percorsi a basso impatto ambientale – sentieri o piste ciclabili, ad esempio – che consentono una fruizione delle risorse ambientali presenti. Tale ottica è alla base delle *greenways* (percorsi verdi) ideate negli Stati Uniti negli anni '80 del secolo scorso al fine di «fornire alle popolazioni un facile accesso agli spazi aperti vicino alle abitazioni e per collegare tra loro spazi rurali con gli spazi urbani».

CONCLUSIONI

L'avventura intellettuale che pone al suo centro il paesaggio come sistema ambientale eterogeneo, prodotto della storia naturale e delle storie umane, è appena agli inizi. L'idea del paesaggio, come entità insieme storica e contemporanea, ha già prodotto una nuova visione dei problemi che caratterizzano oggi la biosfera. La trama della vita in un certo luogo è un insieme di relazioni nello spazio e nel tempo, che generano continui cambiamenti. Ritorna evidente la constatazione di Jean-Baptiste de Lamarque che nel 1794 scriveva: «*Il règne dans tout l'univers une activité étonnante, qu'aucune cause ne parait affabilir, et tout ce qui existe semble constantement assujeté à un changement nécessaire*».

Il paesaggio, ecologicamente inteso come «area territoriale eterogenea, composta da un gruppo di ecosistemi interagenti, che si ripete in forma simile in zone contigue» secondo la nota definizione di Forman e Godron, che abbiamo citato nelle pagine precedenti, è insieme il risultato e il protagonista delle vicende naturali e umane che vi si svolgono, attraverso l'interazione necessaria dei suoi elementi.

La novità scientifica dell'ecologia del paesaggio risiede nell'aver posto al centro dell'analisi ambientale l'eterogeneità anziché l'omogeneità e di averne dimostrato il ruolo cruciale per i processi ambientali. Insieme, questa autentica «rivoluzione culturale», che – come si è scritto – ha mostrato i limiti metodologici dell'approccio scientifico basato sulle idee di Cartesio è «figlia del nostro tempo». La visione dell'eterogeneità spaziale dei sistemi ambientali è stata resa possibile dal progresso tecnologico, che consente fotoacquisizioni aeree e satellitari ad alta risoluzione, e una rapida elaborazione informatica di una grande quantità di dati. A queste possibilità strumentali si è accompagnato lo sviluppo di nuove procedure di analisi, anch'esse rese possibili dalle elaborazioni informatiche.

Si è ripetuta nella seconda metà del secolo scorso, e prosegue tuttora, quello che ha sempre caratterizzato il progresso delle scienze: la stretta relazione tra possibilità strumentali e idee scientifiche. Come nel Seicento il microscopio ottico consentì a Robert Hooke di vedere nel sughero quelle cavità, separate da pareti, che chiamò *cellule* e di osservare, per primo, l'anatomia degli insetti, così nel secolo scorso la fotografia e gli aeroplani hanno permesso a Carl Troll di vedere il mosaico ambientale formato dagli ecosistemi, inaugurando l'interesse scientifico verso il paesaggio come sistema di sistemi ambientali. Sono poi seguiti gli sviluppi teorici come la teoria gerarchica dei sistemi ambientali e i concetti di connessione e contiguità come fattori di relazione tra sistemi ambientali.

L'ecologia del paesaggio si rivela «figlia del nostro tempo» anche perché la sua analisi ecologica a vasta scala richiede l'uso integrato di idee e metodi di varie scienze, da quelle geografiche a quelle storiche. Richiede cioè – come scrisse Lucio Gambi – un approccio interdisciplinare piuttosto che multidisciplinare.

Da ultimo, è importante ricordare che il sistema paesaggio ha diversi protagonisti. Ogni vivente ha il suo paesaggio caratterizzato da un particolare uso dello spazio e delle sue risorse, a sua volta condizionato dalle relazioni con i paesaggi adiacenti e, in più, ha capacità di cambiare scala di osservazione in rapporto al momento biologico: ogni scala è quindi importante per una certa specie, ogni specie risponde a più di una scala.

Protagonisti centrali del sistema paesaggio sono le piante. Esse dominano (e assicurano) il flusso dell'energia e il ciclo della materia. La loro distribuzione nello spazio-ambiente ha un ruolo centrale nella costruzione della diversità ambientale del paesaggio. La valutazione della qualità ambientale di un paesaggio trova quindi nella descrizione dei tipi di vegetazione – intesi come «tipi di habitat» – lo strumento centrale. Il suo uso presuppone la conoscenza della vegetazione che esisterebbe in un paesaggio senza alcuna modificazione indotta, direttamente o indirettamente, dall'attività umana.

La rappresentazione cartografica del paesaggio fornisce la conoscenza di base per ogni tipo di decisione sul territorio (con finalità di pianificazione, gestione o conservazione) e per l'individuazione e il controllo degli elementi più vulnerabili. Scopo primario della gestione del paesaggio è quello di garantire il funzionamento dei sistemi ambientali, favorendo la conservazione di specie e di habitat – da quelli a elevata naturalità a quelli più o meno modificati dall'impatto delle attività umane – e di promuovere un utilizzo sostenibile delle risorse naturali riducendo gli impatti antropici sulla biodiversità e/o implementando la qualità della biodiversità.

In passato la conservazione si basava sulla separazione dell'oggetto da conservare dal contesto ambientale in cui esso era inserito. I risultati ottenuti dagli studi ecologici del paesaggio ci dicono che la politica attuale di conservazione deve considerare la protezione diffusa dell'intero territorio, mantenendo la diversità degli habitat, la loro interconnessione e la diversità biologica che li caratterizza, garantendone forma e funzionamento. La distruzione o l'alterazione degli habitat è infatti il più grande fattore di erosione della biodiversità: le azioni sulle singole specie sono vane se viene trascurato lo stato dei sistemi ambientali.

Le più visibili conseguenze dell'impatto umano sul paesaggio sono l'«artificialità diffusa» e la progressiva perdita di autoregolazione dei sistemi che lo formano. Il restauro ambientale diventa quindi una necessità centrale per la gestione ambientale, anche per contrastare la crescente riduzione di spazi naturali, che sono ormai soltanto «negli interstizi del paesaggio umanizzato».

Le idee e i metodi di analisi propri dell'ecologia del paesaggio ci forniscono conoscenze importanti sulla complessità dei sistemi ambientali. Si deve ricordare che un sistema complesso, dove le relazioni tra gli elementi sono molte, è più imprevedibile di un sistema semplice: i suoi cambiamenti non sono gestibili in modo univoco. Infine, la complessità è data da una realtà in continuo movimento, in cui la diversità ambientale è costantemente alimentata dai cambiamenti della diversità biologica.

In definitiva, l'ecologia del paesaggio ci suggerisce che la gestione ambientale non riguarda singoli oggetti, come popolazioni animali e vegetali ed ecosistemi, ma concerne piuttosto la conservazione di tutte le realtà che, a diversi livelli di scala, alimentano la trama della vita.

RIFERIMENTI BIBLIOGRAFICI

RIFERIMENTI BIBLIOGRAFICI

Agnoletti, M. (a cura di)

2011 *Paesaggi rurali storici. Per un catalogo nazionale*, Roma-Bari, Laterza.

Allen, T.F.H. e Hoekstra, T.W.

1992 *Toward a Unified Ecology*, New York, Columbia University Press.

Allen, T.H.F. e Starr, T.B.

1982 *Hierarchy, Perspectives for Ecological Complexity*, Chicago, The University of Chicago Press.

Antrop, M.

1997 *The Concept of Traditional Landscapes as a Base for Landscape Evaluation and Planning. The Example of Flanders Region*, in «Landscape and Urban Planning», 38, pp. 105-117.

1998 *Landscape Change: Plan or Chaos*, in «Landscape and Urban Planning», 42, pp. 155-161.

2000a *Geography and Landscape Science*, in «Belgian Journal of Geography», 1, 4, pp. 9-35.

2000b *Background Concept for Integrated Landscape Analysis*, in «Agricultural Ecosystem and Environment», 77, pp. 17-28.

2004 *Landscape Change and Urbanization Process in Europe*, in «Landscape and Urban Planning», 67, pp. 9-26.

2005 *Why Landscapes of the Past are Important for the Future*, in «Landscape and Urban Planning», 70, pp. 21-34.

Arnaboldi, F., Conedera, M. e Fonti, P.

2003 *Caratteristiche anatomiche e auxometriche di «Ailanthus altissima». Una specie arborea a carattere invasivo*, in «Sherwood», 91, pp. 19-23.

Augé, M.

1992 *Non lieux. Introduction à une anthropologie de la modernitè*, Paris, Seuil; trad. it. *Nonluoghi. Introduzione a una antropologia della surmodernità*, Milano, Ed. Eleuthera.

Baker, W.L. e Cai, Y.
1992 *The r.le Programs for Multiscale Analysis of Landscape Structure Using the GRASS Geographical Information System*, in «Landscape Ecology», 7, pp. 291-302.
Bakker, J.P. e Londo, G.
1998 *Grazing for Conservation Management in Historical Perspective*, in M.F. Wallis De Vries, J.P. Bakker, S.E. van Wieren (a cura di), *Grazing and Conservation Management*, Dordrecht, Kluwer Academic Publishers.
Baudry, J., Bunce, R.G.H. e Burel, F.
2000 *Hedgerows: An International Perspective on Their Origin, Function and Management*, in «Journal of Environmental Management», 60, pp. 7-22.
Bennet, A.F.
2003 *Linkages in the Landscape: The Role of Corridors and Connectivity in Wildlife Conservation*, Gland-Cambridge, International Union for Conservation of Nature.
Bennett, G. e Mulongoy, K.J.
2006 *Review of Experience with Ecological Networks, Corridors and Buffer Zones*, Montréal, Secretariat of the Convention on Biological Diversity, Technical Series n. 23.
Bhatta, B., Saraswati, S. e Bandyopadhyay, D.
2010 *Urban Sprawl Measurement from Remote Sensing Data*, in «Applied Geography», 30, pp. 731-740.
Biondi, E., Blasi, C., Burrascano, S., Casavecchia, S., Copiz, R., Del Vico, E., Galdenzi, D., Gigante, D., Lasen, C., Spampinato, G., Venanzoni, R. e Zivkovic, L.
2009 *Manuale italiano di interpretazione degli habitat della Direttiva 92/43/CEE*, Società Botanica Italiana – Ministero dell'Ambiente e della Tutela del Territorio e del Mare, Direzione Protezione della Natura, http://vnr.unipg.it/habitat/.
Blasi, C. (a cura di)
2010 *La vegetazione d'Italia*, Roma, Palombi Editori.
Blasi, C., Boitani, L., La Posta, S., Manes, F. e Marchetti, M.
2007 *Biodiversity in Italy*, Roma, Palombi Editori.
Boitani, L.
2000 *Rete ecologica nazionale e conservazione della biodiversità*, in «Parchi», 29, pp. 66-74.
Bossard, M., Feranec, J. e Otahel, J.
2000 *CORINE Land Cover Technical Guide. Addendum 2000. Technical Report n. 40*, Copenaghen, European Environment Agency.

Bracchi, G.
1956 *Il catasto. Norme fondamentali sulla formazione del nuovo catasto terreni e del nuovo catasto edilizio urbano e sulla conservazione dei catasti terreni e dei fabbricati vigenti in Italia. Manuale tecnicoamministrativo*, Roma, Tipografia italiana.
Braun-Blanquet, J.
1947 *Carte des groupements végétaux de la France, Région N.O. de Montpellier au 1/20.000.*
1958 *Lagunenverladung und Vegetationsentwicklung an der französichen Mittelmeerküste bei Palavas, ein Sukzessions-experiment*, in «Comm. SIGMA», 141, pp. 9-32.
1964 *Pflanzensoziologie. Grundzüge der Vegetationskunde*, 3[a] ed., Berlin, Springer.
Bruno, F. e Giacomini, V.
1971 *Progetto di una cartografia ecologica zonale per il territorio italiano*, in «Notiziario della Società italiana di fitosociologia», 6, pp. 15-30.
Burley, F.W.
1988 *Monitoring Biological Diversity for Setting Priorities in Conservation*, in E.O. Wilson (a cura di), *Biodiversity*, Washington, DC, National Academy Press, pp. 227-230.
Burrough, P.A.
1986 *Principles of Geographical Information Systems for Land Resource Assessment*, Oxford, Clarendon Press.

Casagrande, G.
2011 *Ricognizione del territorio e del paesaggio. Una ricerca sperimentale basata su immagini aeree oblique a bassa quota*, Morolo, IF Press.
Cattaneo, C.
1844 *Notizie naturali e civili su la Lombardia*, Milano, Tipografia G. Bernardoni di Giovanni, vol. I.
Celesti-Grapow, L., Alessandrini, A., Arrigoni, P.V., Banfi, E., Bernardo, L., Bovio, M., Brundu, G., Cagiotti, M., Camarda, I., Carli, E., Conti, F., Fascetti, S., Galasso, G., Gubellini, L., La Valva, V., Lucchese, F., Marchiori, S., Mazzola, P., Peccenini, S., Poldini, L., Pretto, F., Prosser, F., Siniscalco, C., Viegi, L., Villani, M.C., Wilhalm, T. e Blasi, C.
2009 *The Inventory of the non-native Flora of Italy*, in «Plant Biosystems», 143, pp. 386-430.

Chetkiewicz, C.L.B., St. Clair, C.C. e Boyce, M.
2006 *Corridors for Conservation: Integrating Pattern and Process*, in «Annual Reviews in Ecology Evolution and Systematics», 37, pp. 317-342.
Council of Europe
2000 *European Landscape Convention and Explanatory Report*, Council of Europe, Document by the Secretary General Established by the General Directorate of Education, Culture, Sport and Youth, and Environment, Firenze.

Definiens software
2006 *Definiens Professional 5 User Guide*, München.
Donnell, M.J. e Pickett, S.T.A.
1993 *Humans as Components of Ecosystems: The Ecology of Subtle Human Effects and Populated Areas*, New York, Springer.
Dunning, J.B., Danielson, J.B. e Pulliam, H.R.
1992 *Ecological Processes that Affect Populations in Complex Landscapes*, in «Oikos», 65, pp. 169-175.

Elkie, P., Rempel, R. e Carr, A.
1999 *Patch Analyst User's Manual*, Thunder Bay, Ontario Ministry of Natural Resources, Northwest Science & Technology.
European Commission
2006 *Urban Sprawl in Europe: The Ignored Challenge*, Copenaghen, European Environment Agency, Report 10.
2007 *Interpretation Manual of European Habitats-EUR27*, Brussels, European Commission, DG Environment, Nature and Biodiversity.
Eysenck, M.W. e Keane, M.T.
2012 *Psicologia cognitiva*, Napoli, Idelson-Gnocchi.

Fahrig, L.
2003 *Effects of Habitat Fragmentation on Biodiversity*, in «Annual Reviews in Ecology Evolution and Systematics», 34, pp. 487-515.
Falinski, J.B.
1966 *Anthropogeniczna roslinnosc Puszczy Bialowieskiej jako wynik synantropizacji naturalengo kompleksu lesnego*, in «Rozprawka Uniwersytet Warszawa», 13, pp. 1-256.
1972 *Synantropizacia szaty roslinenj – Proba okreslenia istoty*

procesu i glownych kierunkow badan, in «Phytocoenosis», 1, 3, pp. 157-170.
1975 *Anthropogenic Changes of the Vegetation of Poland*, in «Phytocoenosis», 5, pp. 97-116.

FAO
2003 *Overview of the Africover Initiative*, Food and Agriculture Organisation of the UN, 6 pp., disponibile al sito: http://www.africover.org.

Farina, A.
1998 *Principles and Methods in Landscape Ecology*, London, Chapman and Hall.
2001 *Ecologia del paesaggio*, Torino, UTET.

Farina, A., Bogaert, J. e Schipania, I.
2005 *Cognitive Landscape and Information: New Perspectives to Investigate the Ecological Complexity*, in «BioSystems», 79, pp. 235-240.

Farinelli, F.
2003 *Geografia. Un'introduzione ai modelli del mondo*, Torino, Einaudi.

Ferrari, C.
2010 *Biodiversità, dal genoma al paesaggio*, Bologna, Zanichelli.

Ferrari, C. e Pezzi, G.
2012 *Paesaggio, ambiente, spazio, luogo, memoria*, Reggio Emilia, Diabasis.

Ferrari, C., Pezzi, G., Diani, L. e Corazza, M.
2008 *Evaluating Landscape Quality with Vegetation Naturalness Maps: An Index and Some Inferences*, in «Applied Vegetation Science», 11, pp. 243-250.

Fischer, J. e Lindenmayer, D.B.
2006 *Beyond Fragmentation: The Continuum Model for Fauna Research and Conservation in Human-modified Landscapes*, in «Oikos», 112, 2, pp. 473-480.

Forman, R.T.T.
1995 *Land Mosaics. The Ecology of Landscapes and Regions*, Cambridge, Cambridge University Press.

Forman, R.T.T. e Alexander, L.E.
1998 *Road and Their Major Ecological Effects*, in «Annual Reviews in Ecology Evolution and Systematics», 29, pp. 207-231.

Forman, R.T.T. e Godron, M.
1986 *Landscape Ecology*, New York, Wiley & Sons.

Forman, R.T.T. e Monroe, P.N.
1992 *Theoretical Foundations for Understanding Boundaries in Landscape Mosaics*, in A.J. Hansen e F. Di Castri, *Landscape Boundaries: Consequence for Biotic Diversity and Ecological Flows*, Berlin-New York, Springer, pp. 236-258.
Fowler, P.J.
2003 *World Heritage Cultural Landscapes 1992-2002*, Paris, UNESCO World Heritage Centre.
Francini, E.
1936 *Ricerche sulla vegetazione dell'Etruria marittima. II: La vegetazione del laghetto di Sibolla (Valdarno inferiore)*, in «Nuovo giornale botanico italiano», 43, pp. 62-130.
Franklin, J.F. e Lindenmayer, D.B.
2009 *Importance of Matrix Habitat in Maintaining Biological Diversity*, in «Proceedings of the National Academy of Sciences», 106, 2, pp. 349-350.

Gabrielli, A.
1994 *La civiltà del castagno*, in «Monti e boschi», 65, p. 3.
Galster, G., Hanson, R., Ratcliffe, M., Wolman, H., Coleman, S. e Freihage, J.
2001 *Wrestling Sprawl to the Ground: Defining and Measuring an Elusive Concept*, in «Housing Policy Debate», 12, pp. 681-718.
Gambi, L.
1972 *I valori storici dei quadri ambientali*, in R. Romano e C. Vivanti (a cura di), *Storia d'Italia*, vol. I: *I caratteri originali*, Torino, Einaudi, pp. 5-60.
Gavioli, O.
1936 *Ricerche sulla distribuzione altimetrica della vegetazione in Italia. III. Limiti altimetrici delle formazioni vegetali nel Gruppo del Pollino (Appennino Calabro-Lucano)*, in «Nuovo giornale botanico italiano», 43, 3, pp. 636-706.
Géhu, J.M.
1987 *Des complexes de groupements végétaux à la phytosociologie paysagère contemporaine*, in «Informatore Botanico Italiano», 18, 1-2-3, pp. 53-83.
1991 *L'analyse symphytosociologique et géographique de l'espace. Théorie et métodologie*, in «Colloque Phytosociologique», 17, pp. 11-46.
Giacomini, V.
1965 *Significato e funzione dei Parchi Nazionali*, in «I Parchi

Nazionali in Italia», Istituto di Tecnica e Propaganda Agraria, Roma, pp. 7-37.
Giacomini, V. e Pignatti, S.
1955 *Flora e vegetazione dell'alta val Braulio con speciale riferimento ai pascoli d'altitudine*, in «Memorie della Società italiana di Scienze naturali e del Museo civico di Storia naturale di Milano», 11, 2-3, pp. 1-194.
Godron, M.
1984 *Ecologie de la végétation terrestre*, Paris, Masson.
Gomarasca, M.A.
2004 *Elementi di Geomatica*, Firenze, AIT.
Graziosi, I. e Santi, F.
2008 *Chestnut Gall Wasp («Dryocosmus kuriphilus»): Spreading in Italy and New Records in Bologna Province*, in «Bulletin of Insectology», 61, 2, pp. 343-348.
Gustafson, E.J.
1998 *Quantifying Spatial Pattern: What is the State of the Art?*, in «Ecosystems», 1, pp. 143-156.

Haber, W.
1990 *Basic Concept of Landscape Ecology and Their Application in Land Management*, in H. Kanawabe, T. Ohgushi e M. Higashi (a cura di), *Ecology for Tomorrow*, in «Physiology and Ecology Japan», 27 (special issue), pp. 131-146.
Humboldt A., von e Bonpland, A.
1807 *Ideen zu einer Geographie der Pflanzen*, Tübingen, F.G. Cotta – Paris, F. Schoell.

Ingegnoli, V. e Giglio, E.
2005 *Ecologia del paesaggio. Manuale per conservare, gestire e pianificare l'ambiente*, Milano, Hoepli.

Jalas, J.
1955 *Hemerobe und hemerochore Pflanzenarte. Ein terminologischer Reformversuch*, in «Acta Societatis pro Fauna et Flora Fennica», 72, 11, pp. 1-15.

Kindlmann, P. e Burel, F.
2008 *Connectivity Measures: A Review*, in «Landscape Ecology», 23, pp. 879-890.
Kirk, D.L.
1980 *Biology Today*, New York, Random House.

Kohn, D.D. e Walsh, D.M.
1994 *Plant Species Richness: The Effect of Island Size and Habitat Diversity*, in «Journal of Ecology», 82, pp. 367-377.
Kotliar, N.B. e Wiens, J.A.
1990 *Multiple Scale of Patchiness and Patch Structure: A Hierarchical Framework for the Study of Heterogeneity*, in «Oikos», 59, pp. 253-260.

Laurence, W.F.
2008 *Theory Meets Reality: How Habitat Fragmentation Has Trascended Island Biogeographic Theory*, in «Biological Conservation», 141, pp. 1731-1744.
Lelli, C., Ferrari, C. e Pezzi, G.
2012 *Diffusione urbana e consumo del territorio: misurare le relazioni con gli indici della Landscape Ecology*, in «Urbanistica», 149, pp. 107-119.
Leopold, A.
1933 *Game Management*, New York, Charles Scribner's Sons.
Levin, S.A.
1974 *Dispersion and Population Interactions*, in «The American Naturalist», 108, 960, p. 207.
Levins, R.
1968 *Evolution in Changing Environments*, Princeton, Princeton University Press.
1969 *Some Demographic and Genetic Consequences of Environmental Heterogeneity for Biological Control*, in «Bulletin of the Entomological Society of America», 15, pp. 237-240.
Li, H. e Reynolds, J.F.
1995 *On Definition and Quantification of Heterogeneity*, in «Oikos», 73, pp. 280-284.
Lillesand, T.M. e Kiefer, R.W.
1998 *Remote Sensing and Image Interpretation*, 4ª ed., New York, John Wiley & Sons.
Linneo (Carl von Linnè)
1753 *Species Plantarum. Exhibentes plantas rite cognitas, ad genera relatas, cum differentiis specificis, nominibus trivialibus, synonymis selectis, locis natalibus, secundum systema sexuale digestas*, Stoccolma, Imprensis Laurentius Salvius, pp. 1200 + XXXI.

MacArthur, R.H. e Wilson, E.O.
1967 *The Theory of Island Biogeography*, Princeton, NJ, Princeton University Press.

Malcevschi, S.
2010 *Reti ecologiche polivalenti. Infrastrutture e servizi ecosistemici per il governo del territorio*, Milano, Il Verde Editoriale.
Malcevschi, S., Bisogni, L. e Gariboldi, A.
1996 *Reti ecologiche ed interventi di miglioramento ambientale*, Milano, Il Verde Editoriale.
Manel, S., Schwartz, M.K., Luikart, G. e Taberlet, P.
2003 *Landscape Genetics: Combining Landscape Ecology and Population Genetics*, in «Trends in Ecology and Evolution», 18, pp. 189-197.
McGarigal, K., Cushman, S.A., Neel, M.C. e Ene, E.
2002 *FRAGSTATS: Spatial Pattern Analysis Program for Categorical Maps*, Computer software program, University of Massachusetts, Amherst, disponibile al sito http://www.umass.edu/landeco/research/fragstats/fragstats.html.
McIntyre, S. e Hobbs, R.
1999 *A Framework for Conceptualizing Human Effects on Landscapes and Its Relevance to Management and Research Models*, in «Conservation Biology», 13, 6, pp. 1282-1292.
McNeely, J.A., Gadgil, M., Leveque, C., Padock, C. e Redford, K.
1995 *Human Influence on Biodiversity*, in V.H. Hetwood e R.T. Watson (a cura di), *Global Biodiversity Assessment*, Cambridge, Cambridge University Press, pp. 771-821.
Merriam, G.
1984 *Connectivity: A Fundamental Ecological Characteristic of Landscape Pattern*, in Brandt, J. e Agger, P. (a cura di), *Proceedings of First International Seminar on Methodology in Landscape Ecology Research and Planning*, vol. I, Roskilde, Denmark, Roskilde Universitessforlag GeoRue, pp. 5-15.
Millenium Assessment
2005 *Ecosystems and Human Well-being: Opportunities and Challenges for Business and Industry*, Washington, DC, Millennium Ecosystem Assessment/World Resources Institute.

Naveh, Z.
1995 *Interactions of Landscapes and Cultures*, in «Landscape and Urban Planning», 32, 1, pp. 43-54.
Naveh, Z. e Lieberman, A.
1984 *Landscape Ecology. Theory and Application*, New York, Springer.

O'Neill, R.V., Krummel, J.R., Gardner, R.H., Sugihara, G., Jackson, B., De Angelis, D.L., Milne, B.T., Turner, M.G., Zygmunt, B., Christensen, S.W., Dale, V.H. e Graham, R.L.
1988 *Indices of Landscape Pattern*, in «Landscape Ecology», 1, pp. 153-162.
Odum, E.P.
1983 *Basic Ecology*, Philadelphia, Saunders College Pub.; trad. it. *Basi di ecologia*, Padova, Piccin, 1988.
1989 *Ecology and our Endangered Life-support Systems*, Sunderland (USA), Sinauer Associates.
Odum, E.P. e Barrett, G.W.
2004 *Fundamentals of Ecology (1953)*, 5th ed., Florence (KY), Brooks/Cole Pub.; trad. it. *Fondamenti di ecologia*, 3ª ed. it. condotta sulla 5ª ed. ingl., Padova, Piccin, 2006.

Padoa-Schioppa, E., Santolini, R., Gibelli, G. e Bottoni, L.
2007 *Il paradigma delle reti ecologiche in Italia: esempi in Lombardia*, in «Studi Trentini di Scienze Naturali – Acta Biologica», 83, pp. 181-184.
Pannell, S.
2006 *Reconciling Nature and Culture in a Global Context: Lessons from the World Heritage List*, Cairns, James Cook University.
Pedrotti, F.
2004 *Cartografia geobotanica*, Bologna, Pitagora.
Pedrotti, F. e Minghetti, P.
1999 *Carta della naturalità della vegetazione del Trentino-Alto Adige (1:250.000)*, in P. Minghetti (a cura di), *Naturalità della vegetazione del Trentino-Alto Adige*, Trento, Centro di Ecologia Alpina, Report n. 20, pp. 1-35.
Petit, C.C. e Lambin, E.F.
2002 *Impact of Data Integration Techniques on Historical Land-use/Land-cover Change: Comparing Historical Maps with Remote Sensing Data in the Belgian Ardennes*, in «Landscape Ecology», 17, pp. 117-132.
Pickett, S.T.A. e White, P.S. (a cura di)
1985 *The Ecology of Natural Disturbance and Patch Dynamics*, New York, Academic Press.
Pignatti, S.
1994 *Ecologia del paesaggio*, Torino, UTET.
Pirola, A.
1978 *Cartografia della vegetazione: definizioni, tipi e convenzioni*, in A. Pirola e G. Orombelli (a cura di), *Metodi*

di cartografia geo-ambientale e di cartografia della vegetazione, Consiglio Nazionale delle Ricerche, Roma, edit-press, pp. 27-44.

Pizzolotto, R. e Brandmayr, P.
1996 *An Index to Evaluate Landscape Conservation State Based on Land-use Pattern Analysis and Geographic Information System Techniques*, in «Coenoses», 11, pp. 37-44.

Polunin, O. e Walters, M.
1985 *A Guide to the Vegetation of Britain and Europe*, Oxford, Oxford University Press; trad. it. *Guida alle vegetazioni d'Europa*, Bologna, Zanichelli, 1987.

Primack, R.B.
1995 *A primer of conservation biology*, Sunderland (USA), Sinauer Associates.

Provasi, T.
1926 *Osservazioni e ricerche sulla vegetazione di alcuni laghetti dell'Appennino Tosco-Emiliano*, in «Nuovo giornale botanico italiano», 33, pp. 681-725.

Pulliam, H.R.
1988 *Sources, Sinks and Population Regulation*, in «The American Naturalist», 132, pp. 652-661.

Pulliam, H.R. e Danielson, B.J.
1991 *Sources, Sinks and Habitat Selection: A Landscape Perspective on Population Dynamics*, in «The American Naturalist», 137, pp. 50-66.

Raimondi, E.
2009 *Una cultura dello sguardo*, in «Rivista IBC», 17, p. 2.

Richardson, D.M., Allsopp, N., D'Antonio, C.M. e Milton, S.J.
2000 *Plant Invasions. The Role of Mutualisms*, in «Biological Review», 75, pp. 65-93.

Sauer, C.O.
1925 *The Morphology of Landscape*, in «University of California Publications in Geography», 2 (2), pp. 19-53.

Sereni, E.
1961 *Storia del paesaggio agrario italiano*, Bari, Laterza.

Shannon, C. e Weaver, W.
1949 *The Mathematical Theory of Communication*, Urbana, IL, University of Illinois Press.

Simpson, E.H.
1949 *Measurement of Diversity*, in «Nature», 163, p. 688.

Stoppani, A.
1876 *Il Bel Paese. Conversazioni sulle bellezze naturali, la geologia e la geografia fisica d'Italia*, Milano, L.F. Cogliati.
Sukopp, H.
1972 *Wandel von Flora und Vegetation in Mitteleuropa unter dem Einfluss des Menschen*, in «Berichte über Landwirtschaft», 50, pp. 112-139.

Tosco, C.
2007 *Il paesaggio come storia*, Bologna, Il Mulino.
Turchetti, T., Ferretti, F. e Maresi, G.
2008 *Natural Spread of «Cryphonectria parasitica» and Persistence of Hypovirulence in Three Italian Coppiced Chestnut Stands*, in «Forest Pathology», 38, 4, pp. 227-243.
Turner, B.L., Clark, W.C., Kates, R.W., Richards, J.F., Mathews, J.T. e Meyer, W.B.
1993 *The Earth as Transformed by Human Action*, New York, Cambridge University Press.
Turner, J.M., Tan, H.T.W., Wee, Y.C., Ali bin, I., Chew, P.T. e Corlett, R.T.
1994 *A Study of Plant Species Extinction in Singapore: Lessons for the Conservation of Tropical Biodiversity*, in «Conservation Biology», 8, pp. 705-712.
Turner, M.G.
1989 *Landscape Ecology: The Effects of Pattern on Processes*, in «Annual Reviews in Ecology Evolution and Systematics», 20, pp. 171-197.
Turner, M.G. e Gardner, R.H. (a cura di)
1991 *Quantitative Methods in Landscape Ecology*, in «Ecological Studies», vol. 82, New York, Springer.
Turri, E.
1983 *Antropologia del paesaggio*, Milano, Edizioni di Comunità.
2001 *Il paesaggio come teatro*, Venezia, Marsilio.
Tüxen, R.
1979 *Sigmeten und Geosigmeten, ihre Ordnung und ihre Bedeutung für Wissenschaft, Naturschutz und Plannung*, in «Biogeographica», 16, pp. 79-92.

van der Maarel, E. (a cura di)
1975 *Man-made Natural Ecosystems in Environmental Management and Planning*, in van Dobben, W.H. e Lowe-McConnell, R.H. (a cura di), *Unifying Concepts in Ecology*, The Hague, Junk, pp. 263-274.
2005 *Vegetation Ecology*, Malden, MA, Blackwell.

Vianello, G.
1998 *Cartografia e fotointerpretazione*, Bologna, CLUEB.
2009 (a cura di) *Immagini del mondo rurale nello spazio e nel tempo: trasformazione dei territori rurali bolognesi ed imolesi di pianura e di collina dal 1700 ad oggi*, Bologna, Accademia Nazionale di Agricoltura.
Von Bertalanffy, L.
1968 *General Systems Theory, Foundations, Development and Applications*, New York, George Braziller.

Walker, B.
1992 *Biological Diversity and Ecological Redundancy*, in «Conservation Biology», 6, pp. 18-23.
1995 *Conserving Biological Diversity through Ecosystem Resilience*, in «Conservation Biology», 9, pp. 747-752.
Westhoff, V.
1983 *Man's Attitude towards Vegetation*, in W. Holzner, M.J.A. Werger e I. Ikusima (a cura di), *Man's Impact on Vegetation*, The Hague, W. Junk, pp. 7-24.
Westhoff, V. e van der Maarel, E.
1980 *The Braun-Blanquet Approach*, in J. Whittaker (a cura di), *Classification of Plant Communities*, 2ª ed., The Hague, W. Junk, pp. 287-399.
Wiens, J.
1976 *Population Responses to Patches Environments*, in «Annual Review of Ecology, Evolution, and Systematics», 7, pp. 81-120.
Wilcove, D.S., McLellan, C.H. e Dobson, A.P.
1986 *Habitat Fragmentation in the Temperate Zone*, in M.E. Soulé (a cura di), *Conservation Biology*, Sunderland (USA), Sinauer Associates, pp. 237-256.
Worster, D.
1985 *Nature's Economy. A History of Ecological Ideas*, Cambridge, Cambridge University Press; trad. it. *Storia delle idee ecologiche*, Bologna, Il Mulino, 1994.

Zangheri, P.
1936 *Flora e vegetazione delle pinete di Ravenna e dei territori limitrofi tra queste e il mare*, Forlì, Valbonesi.
Zenari, S.
1925 *I caratteri della vegetazione della Val Cellina*, in «Archivio Botanico», 1, pp. 101-140; 2, pp. 149-169.

UNIVERSALE PAPERBACKS IL MULINO

Ultimi volumi pubblicati:

804. Dietmar Rothermund, *Gandhi. Il rivoluzionario non violento.*
805. Francesco Figari – Luca Gandullia – Diego Piacentino, *Ricchezza in eredità. Quale futuro per l'imposta sulle successioni?*
806. Andrea Pertici, *Presidenti della Repubblica. Da De Nicola al secondo mandato di Mattarella.*
807. Daniele Caligiore, *IA istruzioni per l'uso. Capire l'Intelligenza Artificiale per gestirne opportunità e rischi.*
808. Marco Pellegrini, *Venezia e la terraferma (1404-1797).*
809. Arlo Poletti, *Antiglobalismo. Le radici politiche ed economiche.*
810. Valentina Rita Scotti, *La Turchia di Erdoğan.*
811. Anna Maria Lorusso, *L'utilità del senso comune.*
812. Camillo Casola, *Sahel. Conflitti, migrazioni e instabilità a sud del Sahara.*
813. Massimo Mori, *Esperienze del camminare.*
814. Angela Orlandi, *La ricchezza del debito pubblico. Secoli XII-XXI.*
815. Antonio Missiroli, *L'Europa come potenza. Diplomazia, sicurezza e difesa.*
816. Cecilia Tomassini – Daniele Vignoli, *Le famiglie. Forme, ostacoli, sfide.*
817. Stefano Tabacchi, *Lo Stato della Chiesa.*
818. Tiziano Bonini – Paolo Magaudda, *La musica nell'era digitale.*
819. Alessandro Lanza, *Energia arcobaleno. Il futuro è dell'idrogeno?*
820. Pierre-André Taguieff, *Complottismo.*
821. Cinzia Bianco – Matteo Legrenzi, *Le monarchie arabe del Golfo. Nuovo centro di gravità in Medio Oriente.*
822. Luigi Piccioni, *Parchi naturali. Storia delle aree protette in Italia.*